高职高专生物制药类专业实训教材

生物分离纯化实践技术

（供生物制药技术、生物技术、生物工程及相关专业使用）

主　编　王雅洁（安徽医学高等专科学校）
主　审　宋小平（安徽医学高等专科学校）

东南大学出版社
SOUTHEAST UNIVERSITY PRESS
·南京·

图书在版编目(CIP)数据

生物分离纯化实践技术/王雅洁主编.—南京：东南大学出版社，2016.1(2024.1重印)

ISBN 978-7-5641-6214-6

Ⅰ.①生… Ⅱ.①王… Ⅲ.①生物工程-分离②生物工程-提纯 Ⅳ.①Q81

中国版本图书馆CIP数据核字(2015)第306264号

生物分离纯化实践技术

出版发行	东南大学出版社
出 版 人	江建中
社　　址	南京市四牌楼2号
邮　　编	210096
经　　销	江苏省新华书店
印　　刷	苏州市古得堡数码印刷有限公司
开　　本	787 mm×1 092 mm 1/16
印　　张	7.5
字　　数	189千字
版 印 次	2016年1月第1版 2024年1月第3次印刷
书　　号	ISBN 978-7-5641-6214-6
定　　价	20.00元

*** 本社图书若有印装质量问题，请直接与营销部联系，电话：025—83791830。**

前言

本书分为 3 个部分:第一部分是进行生物分离纯化实验实训的目的和基本要求;第二部分是单元操作技能训练实验,包括预处理和固液分离、有效成分提取、固相析出、膜分离、层析、浓缩和干燥技术,有 20 个实验;第三部分是综合实训项目,包括蛋白质、氨基酸、抗生素和多糖产品的提取分离实训项目,共有 5 个综合实训项目、21 个工作任务。

从生物材料中提取、分离、纯化目标产物的过程是生物产品加工的下游技术,对产品的收率和质量都有至关重要的作用,在整个生物产品的生产总成本中所占比例也较高。因为生物产品的性质特点和待分离纯化的原料不同,提纯的工艺差别很大,所以我们设计了两个部分来帮助同学们学习,分步骤进行训练。通过本书第二部分的单元操作技能训练实验,让同学们在学习相关理论知识的基础上,熟练操作这些单元操作技术,对涉及的主要设备要求知道结构、学会操作,能进行简单的维护保养。在此基础上,再进入第三部分的学习。学习过程中先让同学们自学该产品分离纯化的常用方法,再利用第二部分的单元操作技能,进行综合性实训项目。在这个过程中,让同学们综合运用基本单元操作技能进行不同产品的提纯,强化了同学们的知识技能运用能力,同时培养了同学们分析问题的能力和团队协作能力。

为了让本书适应行业发展需要并且符合高职高专的教育特点,我们参照了很多有关书籍和文献,邀请了很多生物技术和生物制药企业中从事下游加工技术的技术人员共同制定实验项目、选择生物产品,并结合自己的教学和实践经验编撰了本书。编写过程中,得到南京金斯瑞科技有限公司朱戬老师和合肥工业大学李光伟老师的宝贵意见和建议,在此表示由衷的感谢。由于编者水平和时间的限制,书中难免有不妥之处,敬请广大师生和读者批评指正。

安徽医学高等专科学校　王雅洁

目　录

第一部分　生物分离纯化实验实训基本要求

一、实验实训目的

生物分离纯化过程中涉及的技术比较多，包括细胞破碎、有效成分提取、离心分离、沉淀、膜分离、色谱技术等。分离纯化单元操作技术训练的目的是让同学们通过单元操作练习，熟练完成上述分离纯化技术的操作。要求同学们能够独立配制需要的试剂，注意贮存条件和贮存期限；能够完成所需设备的安装和调试，会正确使用该设备并学会清洁、维护保养；能熟练完成操作，知道该技术的提纯原理，掌握技术要领；培养同学们的动手能力。

在掌握单元操作技能的基础上，通过综合实训项目让同学们利用单元操作技术分离典型的生物产品。要求同学们知道典型的生物活性成分，比如蛋白质、氨基酸、抗生素、多糖、核酸的性质，了解常见生物活性成分的作用原理和应用，学会常见生物活性成分的分离纯化流程；能读懂生物产品的分离纯化工艺流程，知道每个步骤的分离原理，会分析各个步骤的控制要点，完成整个工艺操作；分析目的产物的性质，能选择合适的方法对原料、中间产品和产品中的有效成分进行检测；能根据检测结果，对分离纯化流程进行评价；培养同学们的知识运用能力，及分析问题、解决问题的能力。

二、实验实训基本要求

1. 进入实验实训室的要求

（1）按照要求穿合适的工作服或防护服进入实验实训室；严禁穿露脚趾的拖鞋进入实验实训室，女生将长头发束起。

（2）按照教师要求在指定时间到达指定实验实训室。

（3）按照要求准备记录本和其他与实验实训相关的用品后进入实验实训室，与实验实训无关的物品禁止带入实验实训室。

（4）安全准入：应经过相应的安全培训，掌握安全知识、防护技能和必要急救措施，考核合格方可进入实验实训室；禁止私自带外人进入实验实训室。

2. 操作守则

（1）操作前学生应按照要求认真预习相关理论知识，操作前仔细学习指导教师的示教

操作。

(2) 实验实训过程中，未经教师批准不得任意离开，尽量减少不必要的走动，若有特殊情况发生应及时向指导教师汇报。

(3) 严格按照指导教师的要求进行操作，严格按照标准操作规程操作设备，不擅自使用与本实验实训无关的试剂或仪器；设备操作前，确保已经认真阅读标准操作规程或说明书，了解了设备的性能；操作过程中，做到爱护设备仪器、节省试剂。

(4) 分组项目操作过程中，按照组内成员的分工共同完成实训过程，严禁中途调整小组成员。组员之间应通力合作，共同完成实训过程。若意见不同时，应通过协商选择合适的方法，必要时可请指导教师参与讨论。

(5) 安全操作：按照实验实训室相关规则，安全用电，注意防火、防爆；操作过程涉及易挥发、腐蚀性、含生物因子等危险因子的，应采取必要的防护措施，必要时在通风橱、洁净工作台、生物安全柜等设备中操作；注意设备使用安全，使用前按照要求检查设备，确保双手干燥才能操作设备，仪器故障时及时切断电源；严禁进食、喝水、吸烟、化妆、处理隐形眼镜；若有潜在危害性的材料或试剂溢出或泼洒后应立即根据溢出物或泼洒物的性质进行处理、清除污染，并第一时间告诉指导教师。

3. 离开实验实训室的要求

(1) 操作结束后，整理台面，清扫实验实训场地。按照要求填写实验实训开出记录、仪器设备使用登记表。

(2) 操作台面应整洁，试剂和仪器设备的摆放应符合相关要求，用具已经清洗干净，并经教师确认后才能离开。

(3) 严禁将固体培养基、菌液、棉球、碎纸片等易引起堵塞和污染的物品丢进水池，必须按照要求进行处理。

(4) 离开的安全要求：毒性、易燃、易挥发、含生物因子或存在其他潜在危害性的试剂和材料应经相应措施进行处理后方可丢弃；严禁未经批准将实验实训材料、试剂等带出实验实训室；已经污染的记录本、报告等纸质材料应经相应处理，经教师确认后才能带出实验实训室；双手清洗干净后方可离开实验实训室，严禁穿着实验实训防护服进入食堂进食，已经污染的防护服应按照要求处理。

4. 实验实训记录和报告要求

(1) 操作时应认真观察，及时、正确记录实验实训所用材料、操作过程、现象和数据结果等；过程记录和结果记录经教师确认后方可离开。

(2) 使用不易擦去、不易褪色的钢笔、圆珠笔或中性笔填写，严禁使用易褪色的纯蓝墨水笔或易擦铅笔；字迹应清晰可辨认。

(3) 实验实训原理、步骤的记录应简洁明了，记录应采用规范的专业术语、计量单位及外文符号；实验实训条件的记录应翔实，使用材料和仪器设备、试剂应完整记录，比如实验实训材料及来源、设备仪器型号和规格、试剂规格浓度等都应如实记录，保证按照记录能重复该过程。

（4）严禁实验实训结束后补过程或数据，严禁凭记忆记录过程或数据，严禁将过程和结果记录于实训报告之外的地方。

（5）严禁撕毁记录，严禁任意涂改记录；需要改写记录，应用一条线或两条线划去原记录并在旁重写，应保证原字迹清晰可辨，必要时签字并注明修改原因。

（6）表格填写时，不得留有空格，无内容用“—”表示，不得用“、 ′”表示内容重复。

（7）实验实训之后，应尽早结合实训过程和理论知识，对结果进行分析、总结，认真评价操作或流程。

第二部分　生物分离纯化单元操作技术训练

第一章　预处理与固液分离技术

实验一　离心法收集酵母菌

【实验目标】

(1) 掌握离心分离技术的原理和应用。

(2) 能熟练完成从发酵液中获取酵母菌的操作流程。

(3) 熟悉离心机的结构，能熟练使用并正确维护离心机。

【实验原理】

在离心力的作用下，不同物质因为形状、大小等差别会以不同的速率进行沉降。离心分离技术就是利用该原理，可以对悬浮液、乳浊液进行物质的分离、浓缩和提纯。离心设备按照作用方式分为斜角式、平抛式、管式等，按照转速分为低速离心机、高速离心机和超高速离心机，可配备冷冻装置。

离心方法有沉淀离心、差速离心和密度梯度离心。沉淀离心指选用一种离心速度，使悬浮于溶液中的悬浮颗粒在离心力的作用下完全沉淀下来，常用于发酵液和提取液等的固液分离。差速离心是逐渐增加离心速度或低速和高速交替进行离心的分离方法，离心后将上清液与沉淀分开得到第一部分沉淀，上清液加大转速离心，分离出第二部分沉淀，如此往复加通过高转速逐级分离出所需要的物质。密度梯度离心也称区带离心法，是将样品加在惰性梯度介质中进行离心沉降或沉降平衡，在一定离心力下把颗粒分配到梯度中某些特定位置上，形成不同区带的分离方法。本实验用沉淀离心法，将酵母发酵液中的酵母菌沉淀下来。

【实验材料】

保藏的酵母菌。

主要试剂：YPD液体培养基(酵母提取物1.0 g，蛋白胨2.0 g，葡萄糖2.0 g，定容至100 ml)；生理盐水。

主要设备：冷冻离心机；电子天平；灭菌锅；超净工作台；恒温摇床。

【操作步骤】

1. 培养基的配制和灭菌

配制YPD液体培养基和生理盐水，包扎后进行灭菌。YPD液体培养基含葡萄糖，115 ℃灭菌30 min，其他试剂和材料121 ℃灭菌20 min。培养基37 ℃培养24 h进行无菌检查，合格后方可使用。

2. 发酵培养

在超净工作台上，将保藏的酵母菌接种到上述YPD液体培养基中，30 ℃培养24～30 h，得酵母菌发酵液。

3. 发酵液固液分离

将得到的酵母菌发酵液装入离心管内，6 000 r/min、4 ℃离心20 min。离心结束后取出离心管，小心倾倒上清液，沉淀即为酵母菌。注意离心机的正确操作。上清液经过灭菌处理后方可倾倒。

4. 洗涤酵母细胞

向得到的酵母菌沉淀中加入适量灭菌生理盐水，将沉淀重悬于生理盐水中混合均匀，6 000 r/min、4 ℃、离心20 min。注意离心机的正确操作和维护。

小心倾倒上清液，沉淀即为洗涤后的酵母菌。上清液经过灭菌处理后方可倾倒。

【技能训练：离心机的使用和维护】

1. 准备

阅读离心机使用说明书或标准操作规程，了解所配备转头各自的最高允许转速、使用累积期限，了解其温度控制范围、预设运行的最长控制时间和对称放置的两个离心管之间的重量差异限值。查阅设备使用登记表，了解离心机的使用情况。

2. 离心机安装检查

根据实验条件选择合适转头，仔细检查确保无老化、锈蚀、变形等现象，将其正确安装在转轴上，拧紧。再次检查离心机安放是否平稳，转轴是否牢固，润滑是否良好，离心腔内有无异物，缸盖能否锁紧等。

根据离心机、转头和所选转速等因素，选择合适的离心管，仔细检查离心管，确定无裂痕、无损伤、无变形、无老化等现象后方可使用。排除安全隐患，确认设备正常后方可操作。

3. 空转

若离心机长时间未用，应进行空载运转。密切观察空载运转情况是否正常，在无异常时方可进行下述离心操作。

4. 装液和调平

将待离心样品装入离心管内，装载样品时不宜过满。将离心管在天平上精密平衡离心

管和其内容物，对称放置的两个离心管之间的重量差异不得超过该离心机说明书所规定的范围。

5. 离心

将样品放入转头中，盖上盖子。设定转速、温度和时间等离心参数，确认参数后开始离心。待离心结束且离心机完全停止转动后，打开缸盖取出离心管。

注意：离心过程中不得随意离开，应随时观察离心机上的仪表是否正常工作，如有异常声音应立即停机检查，及时排除故障；离心过程若发现异常情况应立即按“Stop”键；离心时严禁开盖，严禁用手停止转头。

6. 清洁保养

冷冻离心机使用过程中离心机内会形成凝霜，离心机使用完毕，要待凝霜溶化后及时清除离心机内水滴、污物及碎玻璃渣等异物，擦净离心腔、转轴。转头是离心机中须重点保护的部件，拆卸和搬动转头时注意防止碰撞。平时，应做好离心机的防潮、防过冷、防过热、防腐蚀药品污染，延长使用寿命。

实验二　超声波法破碎酵母细胞

【实验目标】

(1) 掌握超声波破碎技术的原理和应用。

(2) 能熟练完成大肠杆菌细胞破碎的过程，用合适的方法对破碎效果进行检查。

(3) 熟悉超声破碎仪的结构，能熟练使用并正确维护。

【实验原理】

利用频率为 15～20 kHz 以上的超声波，在较高输出功率下，因为空穴作用可以将介质中的悬浮细胞进行破碎。破碎效果与介质离子强度、细胞浓度、细胞种类、超声波强度频率、破碎功率和破碎时间等因素有关。一般来说，杆菌较球菌易破碎，革兰阴性菌较革兰阳性菌易破碎，对酵母菌的破碎效果较差。本实验利用 JY92－2D 超声波粉碎机对酵母细胞进行破碎，为了提高破碎效果，需要经过多次的超声处理。

超声破碎过程中会产生较多的热量，提取热稳定性较差的胞内产物时尤其需要注意此问题。所以，超声破碎前一般将细胞悬液进行预冷，在冰水浴中进行破碎，并采用间歇破碎。超声破碎法一般不适用于大规模生产，常用于 1～400 ml 小体积料液的处理。需要注意的是，部分目标产物会因为超声波产生的自由基而失活，该类物质的提取谨慎选用超声波法。

【实验材料】

酵母发酵液；碎冰；血细胞计数板。

主要试剂：细胞破碎缓冲液(0.05 mol/L，pH 为 4.7 的乙酸-乙酸钠缓冲液)；75%乙醇。

主要设备：漩涡混合仪；超声波细胞破碎仪；高速冷冻离心机；电子显微镜；紫光-可见分光光度计。

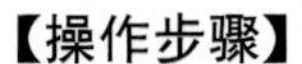

【操作步骤】

1. 制备酵母悬液

配制适量细胞破碎缓冲液，置于冰浴中预冷。酵母发酵液固液分离后，用预冷的细胞破碎缓冲液洗涤 3 次，再向洗涤后的菌体沉淀中加入适量预冷的细胞破碎缓冲液。利用漩涡混合仪将菌体重悬于该缓冲液中混合均匀，冰浴中放置待用。

2. 细胞超声法破碎

酵母悬液留样 1 ml 作为样品 1。其他悬液置于大塑料试管或烧杯内，将其置于冰浴中，按照破碎功率 300 W、破碎工作时间 5 s、间歇时间 5 s 的破碎条件，全程破碎 10 min，取样 1 ml 作为样品 2。相同条件再分别继续破碎 10 min 后，取样得到样品 3。一般情况下，破碎液应立即进行固液分离和后面的提纯，防止目标产物被破坏，若需短期存放应置于冰水浴中或冰箱 4 ℃冷藏。

3. 破碎效果检查

(1) 计数法：分别取样品 1、2、3 适当稀释，用血细胞计数板在显微镜下进行计数。并分别观察不同样品中是否有酵母细胞，观察其形态，进行比较。

(2) 分光光度法：分别取样品 1、2、3 在 10 000 r/min、4 ℃离心 20 min，通过测定上清液蛋白浓度评价破碎效果。

【技能拓展：缓冲液的配制】

【实验材料】

主要试剂：标准缓冲液（pH 为 6.86、pH 为 9.18、pH 为 4.00）；电极保护液（3 mol/L KCl）；蒸馏水。

主要设备：酸度计；温度计。

【操作步骤】

在进行药物提取分离工作或其他生物制药工艺研究时，常常要用到缓冲液来维持研究体系的酸碱度。比如提取酶的溶液体系的 pH 变化可能使酶活性下降甚至完全失活。所以要学会配制缓冲溶液。缓冲溶液的配制有以下几种方法：

1. 计算法

根据缓冲对的 pK 值和配制缓冲液的 pH 值（及要求的缓冲液总浓度），就能按公式计算[盐]和[酸]的量。

2. 查表法

经查表便可计算出所用试剂的比例和用量。

例如：配制 100 ml 0.2 mol/LpH 为 4.6 的乙酸钠-乙酸缓冲液，可以查下表。经查表、计算得到所需两种溶液的量，按计算结果称好药品，放于烧杯中，加少量蒸馏水溶解，转移入 50 ml 容量瓶，加蒸馏水至刻度，摇匀，便得所需的缓冲液。某些试剂，必须标定配成准确的浓度才能进行。

表 2-1　乙酸-乙酸钠缓冲液(0.2 mol/L)

pH (18 ℃)	0.2 mol/L NaAc(ml)	0.2 mol/L HAc(ml)	pH (18 ℃)	0.2 mol/L NaAc(ml)	0.2 mol/L HAc(ml)
2.6	0.75	9.25	4.8	5.90	4.10
3.8	1.20	8.80	5.0	7.00	3.00
4.0	1.80	8.20	5.2	7.90	2.10
4.2	2.65	7.35	5.4	8.60	1.40
4.4	3.70	6.30	5.6	9.10	0.90
4.6	4.90	5.10	5.8	9.40	0.60

3. 调节 pH 法

例如:配制 0.05 mol/LpH 为 4.7 的乙酸-乙酸钠缓冲液。先分别配制 0.05 mol/L 的乙酸钠溶液和乙酸溶液,然后用一种溶液调节另一种溶液,并用 pH 计测定混合溶液的 pH 至 4.7。

【技能训练:pH 计的使用维护】

1. 配制标准缓冲液

根据需要,配制 pH 为 6.86 的定位标准缓冲液,pH 为 4.00 或 9.18 的斜率校正标准缓冲液。斜率校正缓冲液根据待测液的酸碱性来选择,若待测液呈酸性,选用 pH 为 4.00 的标准缓冲液;若待测液呈碱性,选用 pH 为 9.18 的标准缓冲液。

2. 安装与检查

按照要求安装 pH 计,并检查电极。若电极未被保护液浸泡,则应该先将电极在电极保护液(3 mol/L KCl)中浸泡数小时。

3. pH 计校正

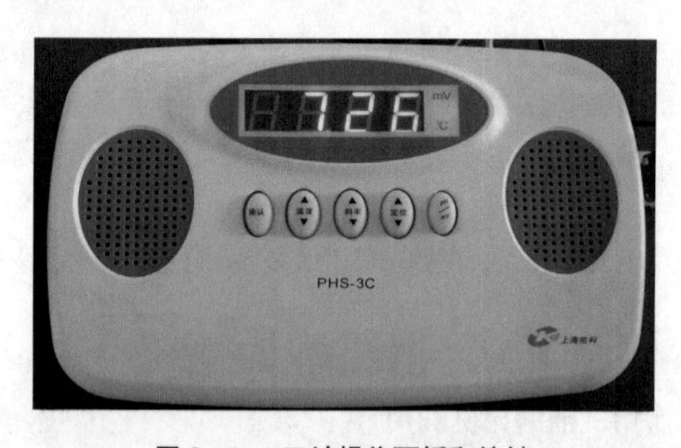

图 2-1　pH 计操作面板和按键

(1) 温度校正:先用温度计测定室温并记录。按“模式”显示温度后,按上下箭头至显示值为室温后,按“确认”。按键切换模式使屏幕显示为 pH 值。

(2) 定位校正:探头用蒸馏水清洗后吸干水分,再用定位标准缓冲液润洗 3 次,然后浸没到定位标准缓冲液中。待稳定后,按“定位”键上下箭头使数值显示“6.86”,按“确认”。

(3) 斜率校正：探头用蒸馏水清洗后吸干水分，再用斜率校正标准缓冲液润洗 3 次，然后浸没到斜率校正标准缓冲液中。待稳定后，按键“上下箭头”使数值显示“4.00”或“9.18”，按“确认”。

4. 测定待测液 pH

探头用蒸馏水清洗后吸干水分，再用待测液润洗 3 次，然后浸没到待测液中，待稳定后读数。

5. 电极维护

校正之后的 pH 计，若使用频繁一般在 24 h 内不需要重复校正。使用结束后将电极用蒸馏水清洗后吸干水分，浸泡在电极保护液中。保持电极安装在 pH 计上，保持 pH 计通电状态。使用之前只需将电极从保护液中取出，用蒸馏水清洗后吸干水分可直接使用。但是，校正之后的 pH 计若测量过过酸(pH＜2)或过碱(pH＞12)的溶液，或温度变化较大，或更换电极，应重新进行校正。

若 24 h 之内不再使用 pH 计，用蒸馏水清洗电极，吸干水分后将电极浸泡在电极保护液中，拆下放入保护盒中。

【技能训练：超声波细胞粉碎机的使用与维护】

【实验材料】

待破碎料液(微生物或动、植物细胞悬液)

主要试剂：75％乙醇；蒸馏水。

主要设备：超声波细胞粉碎机。

【操作步骤】

1. 超声破碎仪安装

把与变幅杆(超声探头)相连的换能器放入隔音箱顶部的专用插孔内，然后把电源线连接在主机后面的电源输入接口，并连接好主机电源线。检查确认仪器面板上变幅杆选择开关是否与所用的变幅杆型号一致。

2. 清洗变幅杆

先用 75％乙醇清洗变幅杆末端，再用蒸馏水多次冲洗变幅杆末端，然后擦干。

3. 固定待破碎样品

根据样品的量选择合适的容器，固定升降台和十字架，将样品置于冰浴中。样品位置调整应保证变幅杆末端位于样品中心位置，变幅杆不能贴壁，如图 2－2 中图 D 所示为正确位置。液体应该有一定高度，变幅杆末端离容器底部距离应大于 30 mm，样品量少时变幅杆末端距容器底部 5～10 mm，插入待破碎样品 15 mm 左右。

4. 设定破碎参数

打开电源开关。设置破碎功率、破碎工作时间、间歇时间、全程破碎时间。每次破碎时间尽量不超过 5 s，间隔时间一般不少于破碎时间。

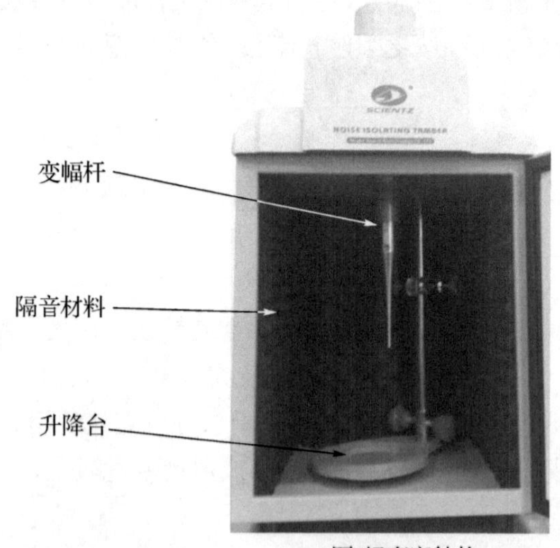

A图(超声室结构)

B图(变幅杆贴壁)

C图(变幅杆触底)

D图(变幅杆正确位置)

图 2-2 超声破碎

5. 破碎细胞

按照上述设定的参数破碎细胞，当破碎液清亮时停止破碎，拿出样品。

破碎过程中应注意观察响声是否正常；注意破碎过程中由于冰的融化导致的液面变化，保证冰水浴中碎冰未完全融化且冰浴液面高于破碎样品液面，变幅杆始终位于破碎样品中心位置且距容器底部距离合适；若出现探头贴壁或位置变化，应及时调整，以保证破碎效果；破碎过程中产生少量泡沫属正常现象，但泡沫过多会影响破碎效果，所以应尽量减少泡沫产生；若冰水浴正常且样品温度升高，应暂停破碎，延长间歇时间再进行破碎；若产生黑色沉淀，应暂停破碎，降低破碎功率再进行破碎。

6. 设备维护

关闭设备后，先用 75% 乙醇清洗变幅杆末端，再用蒸馏水冲洗，然后擦干。盖上防尘罩，填

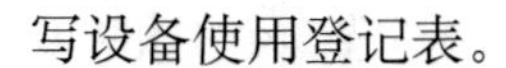
写设备使用登记表。

【技能训练:酵母细胞计数】

【实验材料】

酵母悬液(破碎前);酵母细胞破碎液(破碎后);血球计数板;盖玻片;毛细滴管(使用前灭菌);擦镜纸。

主要试剂:细胞破碎缓冲液(0.05 mol/L,pH 为 4.7 的乙酸-乙酸钠缓冲液);95%乙醇;蒸馏水;香柏油。

主要设备:光学显微镜。

【操作步骤】

1. 菌悬液制备

用缓冲液将破碎前和破碎后的样品适当稀释。

2. 镜检计数室

计数板是一块特制的载玻片,其上有四条槽构成三个平台;中间较宽的平台又被一短横槽隔成两半,每一边的平台上各刻有一个方格网,每个方格网共分为九个大方格,中间的大方格即为计数室。

计数室规格:25(中格)×16(小格);16(中格)×25 (小格)

每种规格计数室中的小方格都是 400 个。

计数室大小:每一个大方格边长为 1 mm,盖上盖玻片后,盖玻片与载玻片之间的高度为 0.1 mm,所以计数室的容积为 0.1 mm^3 。

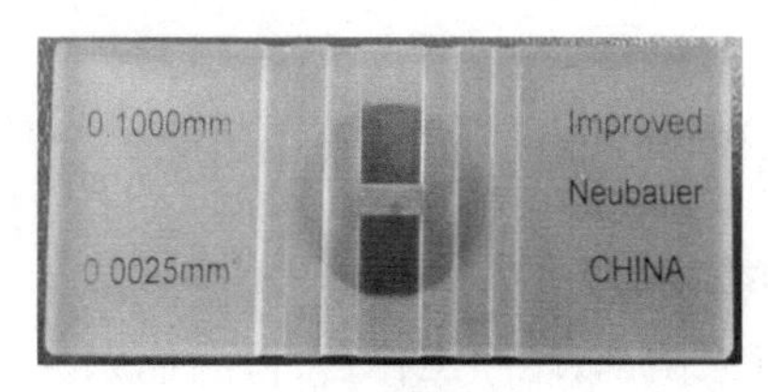

A. 正面图

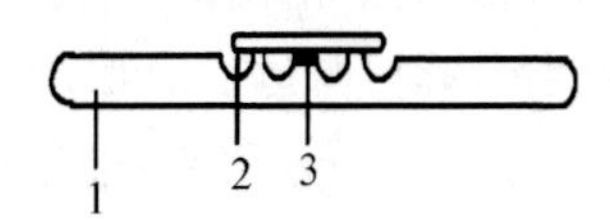

B. 切面图(1-血球计数板，2-盖玻片，3-计数室)

图 2-3　血球计数板结构

3. 加样品

将清洁干燥的血细胞计数板盖上盖玻片,用无菌的毛细滴管将稀释后的样品由盖玻片边缘滴一小滴,让菌液沿缝隙靠毛细渗透作用自动进入计数室,一般计数室均能充满菌液。

注意:加样前,先对计数板的计数室进行镜检。若有污物,则需清洗,吹干后才能进行计数;加样前要将稀释样品摇匀;加样时计数室不可有气泡产生。

4. 显微镜计数

加样结束后静止 5 min,然后将血细胞计数板置于显微镜载物台上,先用低倍镜找到计数室所在位置,然后换成高倍镜进行计数。适当调节显微镜光线的强弱,使视野中计数室方格线清晰,防止只见竖线或只见横线。

注意:菌液浓度要适当,一般要求每小格有5~10个菌体为宜。每个计数室选5个中格(可选4个角和中央的一个中格)中的菌体进行计数。计数一个样品要从两个计数室中计得的平均数值来计算样品的含菌量。

5. 清洗血细胞计数板

使用完毕后,将血细胞计数板用流动水冲洗,冲洗干净后用95%乙醇浸泡,长时间不用可干燥后存放。

注意:勿用硬物洗刷血细胞计数板,防止损坏网格刻度;血细胞计数板冲洗液不能直接排放,应集中收集、灭菌处理后排放。

实验三　酶法破碎大肠杆菌

【实验目标】

(1) 掌握酶法破碎细胞的原理和应用。

(2) 能熟练完成酶法破碎细胞的操作过程。

【实验原理】

大肠杆菌是革兰阴性杆菌,细胞壁较薄,由外壁层和内壁层组成。内壁层是一层较薄的肽聚糖,外壁由脂多糖、磷脂、脂蛋白等组成,且外壁结构需要钙离子的参与。本实验利用溶菌酶裂解大肠杆菌细胞壁内层的肽聚糖结构,利用EDTA结合细胞壁结构中的钙离子破坏细胞壁的稳定性,再在裂解液中加入表面活性剂Triton X-100破坏细胞膜。在上述多重作用下破碎大肠杆菌细胞,使其释放胞内产物。

【实验材料】

保藏的大肠杆菌斜面;溶菌酶;碎冰。

主要试剂:胰蛋白胨;酵母提取物;氯化钠;氢氧化钠;磷酸氢二钠;磷酸二氢钾;TRIS;浓盐酸;EDTA;Triton X-100;草酸铵;结晶紫;95%乙醇;蒸馏水。

主要设备:酸度计;冷冻离心机;电子天平;高压蒸汽灭菌锅;超净工作台;恒温摇床。

【操作步骤】

1. 试剂和培养基配制

(1) LB液体培养基:称取胰蛋白胨1 g,酵母提取物0.5 g,氯化钠1 g,加入蒸馏水溶解(可加热以加速溶解),用1 mol/L氢氧化钠调节pH至7.0,定容至100 ml。包扎后121 ℃高压蒸汽灭菌15 min。

(2) PBS缓冲液:称取8.00 g NaCl,0.20 g KCl,1.44 g Na_2HPO_4,0.24 g KH_2PO_4,用蒸馏水溶解定容至1 000 ml,调节pH至7.3。

(3) Tris-HCl缓冲液(pH8.0,50 mmol/L):称取1.211 4 g Tris,溶解到80 ml,用1 mol/L HCl调节pH至8.0,定容至200 ml。

(4) 溶菌酶裂解液:pH8.0,50 mmol/L Tris-HCl缓冲液配制,含2 mmol/L EDTA,100 mmol/L NaCl,0.3% Triton X-100,溶菌酶0.05 mg/ml。

(5) 革兰结晶紫染液：①A液：称取1 g结晶紫，用95%乙醇溶解定容至100 ml；②B液：称取1 g草酸铵，用蒸馏水溶解定容至100 ml。取A液20 ml、B液80 ml，混合均匀后静置48 h后使用。

2. 大肠杆菌培养液制备

在超净工作台上，从斜面中挑取一环大肠杆菌接种到LB液体培养基中，置于200 r/min、37 ℃过夜培养(18 h)。

3. 固液分离

将大肠杆菌培养液转移到离心管中，4 ℃、8 000 r/min离心10 min。弃上清液，向沉淀中加入适量PBS缓冲液，将菌体悬浮在缓冲液中混合均匀，4 ℃、8 000 r/min离心10 min。再同样操作，用PBS缓冲液洗涤菌体2～3次。

4. 酶法裂解大肠杆菌

按照每克湿菌体加入10～20 ml裂解液的比例向上述步骤得到的大肠杆菌沉淀中加入溶菌酶裂解液，混合均匀后置于冰水浴中放置3 h。

5. 破碎率检查

大肠杆菌破碎前后分别取样，用革兰结晶紫染色，用血球计数板在显微镜下检查细胞破碎情况，计数破碎率。具体操作方法见本章“实验二 超声波法破碎酵母细胞”。

【技能拓展：酶法结合超声法破碎大肠杆菌】

【实验材料】

主要试剂：酶法破碎大肠杆菌所需试剂。

主要设备：酶法破碎大肠杆菌所需设备；超声破碎仪。

【操作步骤】

1. 酶法处理大肠杆菌

按照前述步骤每克湿菌体加入10～20 ml裂解液的比例向大肠杆菌菌体中加入溶菌酶裂解液，混合均匀后置于冰水浴中放置30 min。

2. 超声法破碎大肠杆菌

取细胞裂解液冰水浴条件下进行超声波破碎，超声波破碎条件为500 W、破碎时间3 s，间隔6 s，处理10～20 min。破碎前后分别取样，用革兰结晶紫染色，用血球计数板在显微镜下检查细胞破碎情况，计数破碎率。具体操作方法见本章“实验二 超声波法破碎酵母细胞”。

实验四　差速离心法分离叶绿体和线粒体

【实验目标】

(1) 掌握差速离心分离技术的原理和应用。

(2) 能熟练完成差速离心法分离叶绿体和线粒体的操作过程。

(3) 掌握低速离心机和高速冷冻离心机的使用和维护。

【实验原理】

细胞内含有不同大小和结构的各种组分，这些组分在同一离心场内因为大小和形状不同，沉降速度也不同。根据这一原理，可以运用差速离心的方法将细胞内不同组分分离出来。本实验先将组织进行研磨，然后将得到的混合物悬浮在等渗溶液中(一般采用 0.35 mol/L 氯化钠或 0.4 mol/L 蔗糖溶液)，先用低速离心分离出组织残渣和未破碎的细胞，再加大离心速度得到细胞核和叶绿体沉淀，最后用高速离心得到线粒体沉淀。

【实验材料】

新鲜菠菜叶片；纱布；三角漏斗。

主要试剂：氯化钠；蒸馏水。

主要设备：低速离心机；高速冷冻离心机；电子天平；研钵。

【操作步骤】

1. 试剂配制和准备

(1) 配制 0.35 mol/L 氯化钠溶液。

(2) 选取新鲜的菠菜叶片，洗干净后去除表面水分，去除叶梗和粗脉，撕成小块。

2. 植物细胞破碎

(1) 称取 30 g 处理过的菠菜叶片和 150 ml 0.35 mol/L 氯化钠溶液一起置于研钵中，研磨成匀浆。

(2) 将匀浆液用 6 层纱布过滤，滤液收集于烧杯中。

(3) 取 20 ml 滤液，1 000 r/min、室温离心 2 min，弃沉淀。沉淀为组织残渣和未破碎的细胞。

3. 分离叶绿体

将上述步骤得到的上清液转移到离心管中，3 000 r/min、室温离心 5 min，收集沉淀即为叶绿体(含有部分细胞核)。上清液收集后置于烧杯中，用于线粒体的分离。

4. 分离线粒体

上述步骤得到的上清液转移到离心管中，4 ℃、10 000 r/min 离心 10 min，弃上清液，得到的沉淀即为线粒体。

【技能拓展：叶绿体和线粒体形态观察】

【实验材料】

本章实验四得到的叶绿体沉淀和线粒体沉淀。

主要试剂：0.35 mol/L 氯化钠溶液；詹纳斯 B 染液。

主要设备：光学显微镜；胶头滴管；载玻片和盖玻片。

【操作步骤】

1. 叶绿体形态观察

(1) 用少量的 0.35 mol/L 氯化钠溶液悬浮叶绿体沉淀，注意控制浓度，浓度太高不利于形态观察。

(2) 取一滴叶绿体悬浮液滴在载玻片上，加盖玻片后即可在显微镜下观察叶绿体形态，并记录。

2. 线粒体形态观察

(1) 用少量的 0.35 mol/L 氯化钠溶液悬浮线粒体沉淀，注意控制浓度，浓度太高不利于形态观察。

(2) 取一滴线粒体悬浮液滴在载玻片上，再加入一滴 1%詹纳斯 B 染液，染色时间为 5～10 min，染色结束后可在显微镜下观察叶绿体形态，并记录。线粒体应为蓝绿色圆形颗粒。

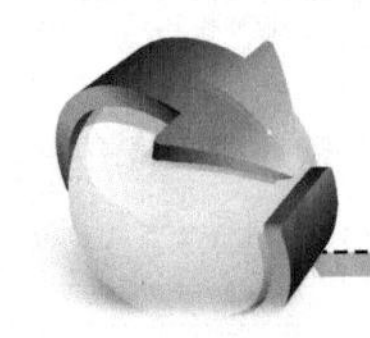

第二章　提取技术

实验一　青霉素的萃取与萃取率的计算

【实验目标】

(1) 掌握有机溶剂萃取技术的原理和应用。

(2) 能熟练完成从料液中萃取、精制青霉素的操作流程。

(3) 学会萃取率的计算。

【实验原理】

萃取是利用物质在互不相溶的两相中分配系数不同实现分离和浓缩的技术。当含有生化目的产物的料液与互不相溶的另一相接触,条件选择合适时,生化物质在两相中重新分配后主要分配于萃取剂中,而杂质留在原料液相,这样就能达到某种程度的提纯和浓缩。

当料液 pH 为 1.8～2.2 时,青霉素以游离酸的形式存在,易溶于有机溶剂(通常为醋酸丁酯)。当料液 pH 为碱性时,青霉素以盐的形式存在,易溶于极性溶剂,特别是易溶于水溶液中。青霉素的提取和精制就是基于以上原理进行的,通过萃取和反萃取使得青霉素在水相和有机相反复转移,去除大部分杂质并得到浓缩,最后利用结晶技术可得到纯度在 98%以上的青霉素。

【实验材料】

待提取料液(注射用 80 万单位青霉素钠 1 瓶用 80 ml 蒸馏水溶解);分液漏斗;小烧杯;移液管;容量瓶;量筒;玻璃棒;精密 pH 试纸。

主要试剂:6%硫酸;醋酸丁酯;2%碳酸氢钠;无水硫酸钠;50%醋酸钾乙醇溶液。

主要设备:恒温水浴锅;电子天平。

【操作步骤】

1. 醋酸丁酯萃取

(1) 酸度调节:将待提取料液用 6%硫酸调节 pH 至 1.8～2.2,然后倒至分液漏斗中。

(2) 萃取:向分液漏斗中加入 30 ml 醋酸丁酯,振摇 20 min,静置 10～15 min,弃去水相。

2. 水相反萃取

向得到的酯相中加入 2%碳酸氢钠 35 ml,振荡 20 min,静置 10～15 min,分出水相,弃去酯相,收集水相。

3. 醋酸丁酯萃取

(1) 酸度调节：用6%硫酸调节水相 pH 至 1.8～2.2，然后倒至分液漏斗中。

(2) 萃取：向分液漏斗中加入 25 ml 醋酸丁酯，振摇 20 min，静置分层，弃去水相，收集酯相。

4. 过滤

向得到的酯相中加入少量无水硫酸钠，振摇片刻，过滤。

5. 精制

滤液中加入 50%醋酸钾乙醇溶液 1 ml，在 36 ℃水浴中搅拌 10 min，析出青霉素钾盐。

6. 干燥称重

过滤得青霉素钾盐，干燥后称重，计算萃取率。

萃取率＝青霉素钾盐体积/发酵液体积×100%

实验二　CO_2 超临界萃取大豆油

【实验目的】

(1) 掌握超临界流体萃取植物油的基本原理和应用。

(2) 能熟练完成超临界流体萃取的操作流程，学会超临界流体萃取装置的操作。

(3) 了解超临界流体 CO_2 萃取过程中参数的设置和控制。

【实验原理】

大豆油中脂肪酸和亚油酸含量高，不含胆固醇，含有维生素 A 和维生素 E，有丰富的原料来源，是当今世界产量最大的食用油，在我国食用油市场中也具有重要的地位。大豆油的生产工艺主要有压榨和浸出法。本项目采用超临界萃取技术从大豆中提取大豆油，与压榨和浸出法相比不仅具有无溶剂残留、无环境污染、提取速度快和得率高等优点，还能很好保存产品的风味和营养成分。

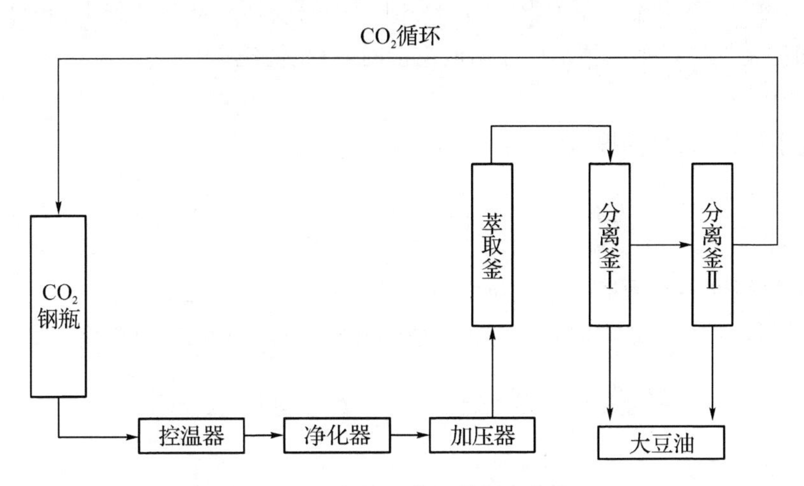

图 2-4　超临界萃取装置示意图

超临界流体萃取设备由萃取釜、分离釜、进气装置、压力控制装置和温度控制装置、流量控制装置等组成，如图 2-4 所示。将固体物料放入萃取釜内，二氧化碳气体经高压泵加压、换热器加温后成为超临界流体后进入萃取釜，萃取出大豆油后进入分离釜，通过减压使二氧化碳流体密度减小、溶解能力降低，大豆油被分离出来，二氧化碳气体冷凝后循环使用。

【实验材料】

市售大豆。

主要试剂：CO_2；市售大豆；市售大豆油；95%乙醇。

主要设备：超临界二氧化碳流体萃取装置；天平；药典筛；烘箱；粉碎机。

【操作步骤】

1. 材料的准备

将市售大豆35 ℃烘干7 h，用粉碎机粉碎后过40目筛，得大豆粉待用。大豆粉应置于干燥器中保存，防止物料吸潮。

2. 萃取大豆油

按1 L萃取釜加入100 g大豆粉的比例，称取适量大豆粉装入萃取釜内。设定萃取釜压力25 MPa、温度50 ℃、CO_2流量为30 kg/h；分离釜Ⅰ压力为7～8 Pa，温度60 ℃；分离釜Ⅱ压力为5～6 Pa，温度35 ℃。按照上述设定参数萃取2 h。

萃取过程中设备高压运行，操作者不得离开现场，不得随意动仪表和管路；过程中有超压、超温、异常声音无法控制时，应立即断电。

3. 收集料液

萃取结束后，从萃取釜中取出残渣称重，从分离釜Ⅰ和分离釜Ⅱ底部放出大豆油并合并、称重。

4. 设备清洗

用95%乙醇清洗设备，清洁方法参照萃取方法，萃取釜压力设定为20～25 MPa，分离釜Ⅰ压力设定为7～8 Pa，分离釜Ⅱ压力设定为5～6 Pa，一段时间后从分离釜Ⅰ和分离釜Ⅱ中底部放出乙醇。根据情况进行多次清洁。流出液清洁时，停止清洗。

5. 结果分析

(1) 出油率计算：大豆油提取率按照下式计算。

$$\text{出油率}(\%)=\frac{\text{大豆油质量}(g)}{\text{投料大豆粉质量}(g)}\times 100\%$$

(2) 油脂性状记录：将萃取大豆油与市售大豆油进行比较并记录。

(3) 残渣性状记录：记录萃取后大豆粉残渣的性状，包括颜色、是否结块等。

实验三　双水相萃取分离植物蛋白酶

【实验目标】

(1) 掌握双水相萃取技术的分离原理。

(2) 能熟练完成相图的制作，学会测定分配系数。

(3) 能熟练完成聚乙二醇/硫酸铵双水相体系分离生化组分的操作。

【实验原理】

双水相体系的两相都是水相，较高的含水量有利于保存生物大分子的活性，而且还有操作连续和易于放大等优点，所以双水相萃取技术在提取分离蛋白、多肽和酶等生物大分子中应用广泛。形成双水相的两相可以由两种高聚物组成，或者高聚物和盐组成，只有两种溶质的浓度达到一定值时才能形成两相。

如图 2-5，由两种溶质 X、Y 以一定比例溶于水形成不同组成的两相，是典型的双水相体系相图。其中，用 T 点表示上相组成，用 B 点表示下相组成，上相主要含溶质 Y，下相主要含溶质 X。曲线 TCB 称为结线，直线 TMB 为系线。当两种溶质的配比选在曲线下方时，两种溶液混合会形成均匀的单相；当配比选在曲线上，两种溶液混合后刚好从澄清变为混浊；当配比选在曲线上方时，两种溶液混合后会自动分层形成两相。所以，相图的绘制是进行双水相萃取的基础。

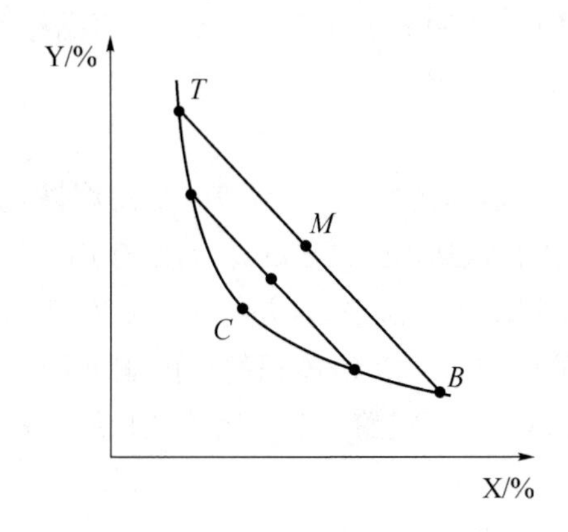

图 2-5 双水相体系相图

生姜蛋白酶是从生姜中提取的能够水解蛋白的酶，是结构与性质与菠萝蛋白酶、木瓜蛋白酶和无花果蛋白酶有很多相似性的植物蛋白酶，该酶用于酒类澄清可以提高葡萄酒和啤酒的澄清度，用于肉类嫩化可以使肉类具有良好的风味和较好的嫩度。本项目选用缓冲液提取法从生姜中提取蛋白酶，经过丙酮沉淀后得到粗酶液，然后用聚乙二醇(PEG)/硫酸铵为双水相体系，从粗酶液中萃取生姜蛋白酶。该法与超滤、有机溶剂萃取和盐析等分离方法相比，能有效保持生姜蛋白酶的活性，目标产物的收率高，且不存在溶剂残留问题。

【实验材料】

市售生姜。

主要试剂：聚乙二醇(PEG)2000；硫酸铵；Na_2HPO_4；NaH_2PO_4；丙酮。

主要设备：漩涡混合器，分光光度计，离心机，恒温水浴锅，匀浆机，滴定管，电子天平，密度计，试管，三角瓶，纱布等。

【操作步骤】

1. 试剂配制

(1) 50% 聚乙二醇(PEG)2000 溶液(W/V)：称取 PEG 2000 10 g 溶解于 10 ml 水中。

(2) 40% 硫酸铵溶液(W/V)：称取硫酸铵 20 g 溶解于 50 ml 水中。

(3) 磷酸缓冲液(0.05 mol/L,pH 7.5):取 0.05 mol/L Na_2HPO_4 溶液 84 ml,加入 0.05 mol·L^{-1} NaH_2PO_4 溶液 16 ml。

(4) 磷酸缓冲液(0.05 mol/L,pH 6.0):取 0.05 mol/L Na_2HPO_4 溶液 12.3 ml,加入 0.05 mol·L^{-1} NaH_2PO_4 溶液 87.7 ml。

(5) 丙酮。4 ℃预冷待用。

2. 相图绘制

绘制 PEG2000/硫酸铵双水相体系相图。

3. 配制双水相体系

根据相图中双水相区的聚乙二醇(PEG)2000 浓度和硫酸铵浓度,选择曲线上方的配比进行配制,分别取适量的 50% 聚乙二醇(PEG)2000 溶液(W/V)和 40% 硫酸铵溶液(W/V)共 10 ml,混合均匀后置于离心机中 2 000 r/min 离心 5 min。根据相图,可以在曲线上方的比例范围内选取多个比例进行实验,比较后得到最合适的体系。

4. 提取生姜蛋白酶

取市售生姜 50 g,切成大小均匀的小块,按照 1∶2 的料液比加入磷酸盐缓冲液(pH 为 7.5,0.05 mol/L),用匀浆机进行低速匀浆 20 min。匀浆液用八层纱布过滤,滤渣用少量磷酸盐缓冲液(pH 为 7.5,0.05 mol/L)进行洗涤,合并滤液 4 ℃静置 2 h 后 4 000 r/min 离心10 min 后弃沉淀取上清液。向上清液中加入 1.5 倍体积的冷丙酮进行沉淀,4℃静置过夜后 4 000 r/min 离心 10 min,弃上清液收集沉淀得粗酶。沉淀用磷酸盐缓冲液(pH 为 6.0,0.05 mol/L)溶解并定容至25 ml,得到粗酶液。

5. 双水相萃取分离生姜蛋白酶

将双水相体系倒入分液漏斗中,待分相完成后加入粗酶液 1 ml,封口后反复倒置 3 min,每分钟进行约 15 次,充分混匀后静置分相。分别测定上相和下相中酶的活力,收集酶富集相。

【技能训练:PEG2000/硫酸铵双水相体系相图绘制】

【实验材料】

主要试剂:聚乙二醇(PEG)2000;硫酸铵。

主要仪器:三角瓶,量筒等。

【操作步骤】

(1) 量取 50%聚乙二醇(PEG)2000 溶液(W/V)10 ml 置于三角瓶中,将 40%硫酸铵溶液(W/V)置于滴定管中,在表 2-2 中记录读数。

(2) 用硫酸铵溶液滴定三角瓶中的聚乙二醇(PEG)2000 溶液,至溶液恰好产生混浊,在表 2-2 中记录硫酸铵溶液读数,并计算消耗体积。加入 1 ml 水使溶液变澄清,继续用硫酸铵溶液滴定至恰好混浊并在表 2-2 中记录读数、计算用量。重复 7 次以上操作,计算出现混浊时三角瓶中 PEG2000 和硫酸铵的浓度(W/V)并记录。

(3) 以 PEG2000 浓度(W/V)为纵坐标、硫酸铵浓度(W/V)为横坐标,绘制 PEG2000/硫酸铵双水相体系相图。

表 2－2　相图绘制记录表

操作次数	水的累积加入量(ml)	硫酸铵溶液读数(ml)	硫酸铵累积加入量(ml)	溶液总体积(ml)	PEG2000浓度(W/V)	硫酸铵浓度(W/V)
1	0					
2	1					
3	2					
4	3					
5	4					
6	5					
7	6					
8	7					

【技能拓展:生姜蛋白酶活性测定】

【实验材料】

提取分离得到的生姜蛋白酶酶液。

主要试剂:酪蛋白;酪氨酸;浓盐酸;无水碳酸钠;三氯乙酸;钨酸钠;钼酸钠;硫酸锂;溴液;蒸馏水。

主要设备:磨口回流装置;紫外-可见分光光度计。

【操作步骤】

1. 试剂配制

(1) 配制 1 mol/L 盐酸、0.2 mol/L 盐酸。

(2) 配制 0.5%酪蛋白溶液(W/V),用磷酸盐缓冲液(pH 6.0,0.05 mol/L)溶解。

(3) 100 μg/ml 酪氨酸溶液:精确称取在 105 ℃烘箱中烘至恒重的酪氨酸 0.100 0 g,逐渐加入 1 mol/L 盐酸 6 ml,溶解后用 0.2 mol/L 盐酸定容至 100 ml,其浓度为 1 000 μg/ml。吸取该溶液 10 ml,用 0.2 mol/L 盐酸定容至 100 ml,即配成 100 μg/ml 的酪氨酸溶液。

(4) 碳酸钠试剂:称取无水碳酸钠 42.4 g,溶解后定容至 1 000 ml。

(5) 三氯乙酸试剂:称取三氯乙酸 65.4 g,溶解后定容至 1 000 ml。

(6) 福林试剂(Folin 试剂):称取钨酸钠($Na_2WO_4 \cdot 2H_2O$) 100 g,钼酸钠($Na_2MoO_4 \cdot 2H_2O$)25 g,置于 2 000 ml 磨口回流装置内,加入蒸馏水 700 ml,85%磷酸 50 ml,浓盐酸 100 ml,文火回流 10 h。去除冷凝器,加入硫酸锂(Li_2SO_4)50 g,蒸馏水 50 ml,混匀后加入几滴液体溴,煮沸 15 min 去除残溴及颜色,溶液应呈黄色而非绿色。若溶液仍有绿色,需要再加几滴溴液,再煮沸除去。冷却后定容至 1 000 ml,用细菌漏斗(No4～5)过滤,棕色瓶中室温保存。使用时加 2 倍蒸馏水稀释,即为已稀释的福林试剂。

2. 标准曲线的绘制

按照表 2－3 加样,混合均匀后置于 40 ℃水浴保温显色 20 min,取出后以空白管为对照,测

定其他管在 680 nm 处的吸光度。以吸光度为纵坐标，酪氨酸的浓度为横坐标，绘制标准曲线。根据回归方程，计算出当吸光度为 1 时酪氨酸(μg)的量，记为 K。

表 2－3　酪氨酸浓度测定标准曲线

试管编号	1(空白)	2	3	4	5	6
100 μg/ml 酪氨酸溶液(ml)	0	0.1	0.2	0.3	0.4	0.5
蒸馏水(ml)	1.0	0.9	0.8	0.7	0.6	0.5
酪氨酸浓度(μg/ml)	0	10	20	30	40	50
碳酸钠试剂(ml)	5.0	5.0	5.0	5.0	5.0	5.0
已稀释福林试剂(ml)	1.0	1.0	1.0	1.0	1.0	1.0
光密度值						

3. 生姜蛋白酶活测定

(1) 测定管：量取样品 1.0 ml 于试管中，在 40 ℃水浴保温 5 min，加入同样 40 ℃水浴保温的酪蛋白溶液(0.5%)1.0 ml，混合均匀后立即置于 40 ℃反应 5 min，然后立即加入三氯乙酸 2.0 ml 终止反应，静置 10 min 后过滤。取 1 ml 滤液，加入碳酸钠溶液 5.0 ml、已稀释福林试剂 1.0 ml，振荡均匀后置于 40 ℃水浴保温显色 20 min。

(2) 对照管：取样品 1.0 ml 于试管中，加入三氯乙酸 2.0 ml 在 40 ℃水浴保温5 min，然后加入同样 40 ℃水浴保温的酪蛋白溶液(0.5%)1.0 ml，摇匀后过滤。取 1 ml 滤液，加入碳酸钠溶液 5.0 ml、已稀释福林试剂 1.0 ml，振荡均匀后置于 40 ℃水浴保温显色 20 min。

(3) 酪氨酸浓度测定：以对照管为参比，测定测定管在 680 nm 处的吸光度。根据标准曲线得到的 K 值，计算测定管生产的酪氨酸量。

(4) 酶活计算：将生姜蛋白酶活力定义为在上述反应条件下，每分钟分解酪蛋白产生 1 μg 酪氨酸所需要的酶量为一个酶活力单位。根据酶活定义计算酶活，单位为 U/ml。

【技能拓展：分离效果测定】

【实验材料】

上述实验得到生姜蛋白酶粗酶液；双水相萃取后得到的上相和下相。

主要试剂：酶活测定所需试剂；考马斯亮蓝法测定蛋白浓度所需试剂。

主要设备：酶活测定所需设备；考马斯亮蓝法测定蛋白浓度所需设备。

【操作步骤】

1. 体积记录

记录粗酶液的体积，双水相萃取法分离后上、下相的体积，并分别取上相和下相作为测定样品。注意取样测定过程中要防止两相混合，可以先吸取上相，再将上相和部分下相吸掉后，再取下相样品进行后续的测定。

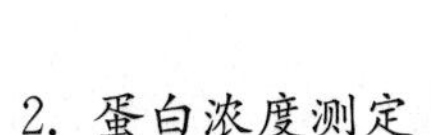

2. 蛋白浓度测定

用考马斯亮蓝法测定上、下相中蛋白质的浓度。考马斯亮蓝法测定蛋白浓度的具体测定方法和步骤见“第二部分 第三章 固相析出分离技术”中“实验一 丙酮沉淀法提纯植物蛋白”。

3. 生姜蛋白酶酶活测定

分别测定粗酶液和上、下相的酶活。

其中：比酶活(U/μg)＝酶活(U/ml)/蛋白浓度(μg/ml)

纯化倍数(倍)＝萃取相比酶活(U/μg)/粗酶液比酶活(U/μg)

总酶活(U)＝酶活(U/ml)×体积(ml)

回收率(%)＝萃取相总酶活(U)/粗酶液总酶活(U)×100%

表 2-4　生姜蛋白酶纯化表

测定对象	粗酶液	萃取后上相	萃取后下相
体积(ml)			
蛋白浓度(μg/ml)			
酶活(U/ml)			
总酶活(U)			
比酶活(U/μg)			
纯化倍数(倍)	1		
回收率(%)	100%		

实验四　超声波法提取茶多酚

【实验目标】

(1) 掌握超声波法提取目的产物的原理和应用。

(2) 能熟练操作超声波法提取目标产物的操作过程。

(3) 了解茶多酚的测定原理和操作。

【实验原理】

茶多酚是茶叶中多酚类物质的总称，是天然抗氧化剂，也是茶叶中具有保健功能的主要成分之一。茶多酚能够清除自由基，具有抗氧化、抗菌、抗病毒、延缓衰老、抗肿瘤等多种重要的生物活性。超声波的细胞破碎作用和空化作用有助于目标产物从原料中向溶剂中扩散，所以超声波提取法与常规提取法相比，具有提取效率高、缩短提取时间、不需高温和低能耗等优点。

【实验材料】

茶叶(市售绿茶)；80 目筛；0.45 μm 滤膜和滤器。

主要试剂：70%甲醇(V/V)；双蒸水。

主要设备：电子天平；超声波清洗器；鼓风干燥箱；研钵。

【操作步骤】

1. 预处理

茶叶置于 60 ℃鼓风干燥箱中烘干至恒重，用研钵研磨后粉碎过 80 目筛，筛得的茶叶粉干燥箱内保存备用。

2. 茶多酚提取

按照茶叶粉∶70%甲醇＝1∶10 的比例，向茶叶粉中加入 70%甲醇，混合均匀后将容器置于超声波清洗器中。设定超声波功率 300 W、室温提取 20 min。

3. 固液分离

将上述得到的提取物在 4 ℃、3 500 r/min 离心 10 min，弃沉淀取上清液经 0.45 μm 滤膜过滤，滤液即为茶多酚提取液。

【技能拓展：茶多酚含量测定】

【实验原理】

茶多酚中的—OH 基团被福林酚（Folin-Ciocalteu）氧化后生成蓝色化合物，在波长为 765 nm处有最大吸收峰。以没食子酸为校正标准物，可以测定样品中茶多酚的含量。

【实验材料】

茶多酚提取液；20 ml 刻度试管。

主要试剂：没食子酸（GA，相对分子质量 188.14）；福林酚（Folin-Ciocalteu）试剂（酸度为 1N，10×工作浓度；直接购买，测定茶多酚专用）；双蒸水；碳酸钠。

主要设备：电子天平；可见分光光度计。

【操作步骤】

1. 试剂配制

(1) 10%福林酚（Folin-Ciocalteu）试剂：取 20 ml 福林酚（Folin-Ciocalteu）试剂，用双蒸水定容至 200 ml 并摇匀。现配现用。

(2) 7.5% Na_2CO_3(W/V)：称取 37.50 g 碳酸钠，双蒸水溶解后定容至 500 ml，摇匀备用。室温存放，一个月内可用。

(3) 没食子酸标准液（1 000 μg/ml）：称取 0.110 g 没食子酸标准品，用双蒸水溶解后定容至 100 ml 并摇匀。现配现用。

2. 没食子酸标准曲线制作

准确移取 1.0、2.0、3.0、4.0、5.0 ml 没食子酸标准液（1 000 μg/ml），用双蒸水定容至 100 ml，摇匀，即得到浓度分别为 10、20、30、40、50 μg/ml 的工作液。取 6 支干净的 20 ml 刻度试管并编号，准确移取双蒸水和各浓度没食子酸工作液各 1.0 ml 到 20 ml 刻度试管中，再加入 5.0 ml 福林酚（Folin-Ciocalteu）试剂，迅速摇匀室温反应 5 min。然后，加入 4.0 ml 7.5% Na_2CO_3 溶液至各管中，加双蒸水定容至刻度后摇匀，室温放置 60 min。以 1 号管为对照，用 10 mm比色皿，在 765 nm 处测定各管中样品的吸光度，在表 2－5 中记录。以没食子酸浓度为横坐标，吸光度为纵坐标作图，绘制标准曲线，测得该曲线斜率为 K。

表 2－5　没食子酸标准曲线制作

管号 试剂	1 （空白）	2	3	4	5	6
样品	双蒸水	没食子酸工作液				
		10 μg/ml	20 μg/ml	30 μgml	40 μg/ml	50 μg/ml
	1.0 ml					
福林酚(Folin-Ciocalteu)试剂(ml)	5.0 ml					
迅速摇匀室温反应 5 min						
7.5% Na_2CO_3 溶液(ml)	4.0 ml					
加双蒸水定容至刻度后摇匀，室温放置 60 min						
光密度值 OD765	0					

3. 样品测定

取测试的茶多酚提取液 1.0 ml 用双蒸水稀释定容至 100 ml，摇匀后得测试样品。取 1.0 ml该测试样品加入刻度试管，按照标准曲线测定方法，以空白管为对照，用 10 mm 比色皿，在 765 nm 处测定样品管吸光度 A，按照下式计算茶多酚提取液中茶多酚的浓度。

$$\text{茶多酚含量}(\mu g/ml) = \frac{Ad}{K}$$

A：样品测定吸光度。

d：稀释因子(该测试中将提取液 1.0 ml 定容至 100 ml 得测试样品，稀释因子为 100)。

K：没食子酸标准曲线斜率。

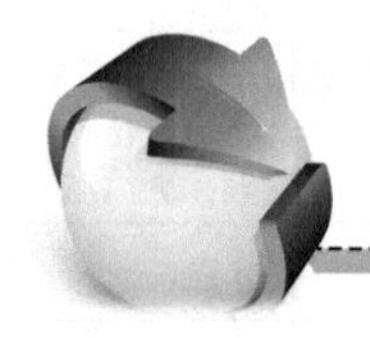

第三章　固相析出分离技术

实验一　丙酮沉淀法提纯植物蛋白

【实验目标】

(1) 掌握有机溶剂沉淀目标产物的原理和应用。

(2) 能熟练完成有机溶剂沉淀法提纯目标产物的操作过程。

(3) 了解植物叶蛋白的作用和应用。

【实验原理】

从新鲜植物叶片中提取的蛋白质经过提纯浓缩后得到的产物,称为植物叶蛋白或者绿色蛋白浓缩物(leaf protein concetration,简称 LPC),是家畜生长发育的良好营养物质,也是具有极高营养价值的营养保健食品。

丙酮为无色透明液体,易挥发,易溶于水和甲醇、乙醇等有机溶剂。丙酮的介电常数比较低,加入到水中能使水溶液的介电常数下降,使蛋白质分子间的静电作用力增强。同时,丙酮能够与蛋白质抢夺水分子,蛋白质水化层的破坏也有利于蛋白质沉淀。所以,丙酮是良好的蛋白质沉淀剂。与盐析法相比,有机溶剂沉淀法的选择性较高、沉淀作用强,所以沉淀目标蛋白的浓度比盐析法低。但是,有机溶剂沉淀法易造成蛋白失活。丙酮在常温或升温时,蛋白三维立体结构展开,丙酮极易与酪氨酸和色氨酸等氨基酸进行疏水结合造成蛋白变性失活,所以丙酮沉淀蛋白一般在低温下进行操作,且沉淀剂丙酮需进行预冷后操作。本实验采用改良丙酮法沉淀植物叶蛋白,提取效率高、杂质干扰少,有文献报道该法提纯的蛋白经电泳检测后得到的蛋白条带较清晰,数量也较多。

【实验材料】

新鲜植物叶片(木本植物和草本植物等都可);碎冰。

主要试剂:Tris;盐酸;SDS;甘油;β-巯基乙醇;双蒸水;丙酮;液氮;聚乙烯吡咯烷酮(PVP)。

主要设备:高速冷冻离心机;移液器;研钵和研杵(瓷质);离心管;冰箱。

【操作步骤】

1. 配制试剂

(1) Tris-HCl 提取缓冲液(0.125 mol/L,pH7.0):称取 12.5 g Tris 于烧杯中,加适量双

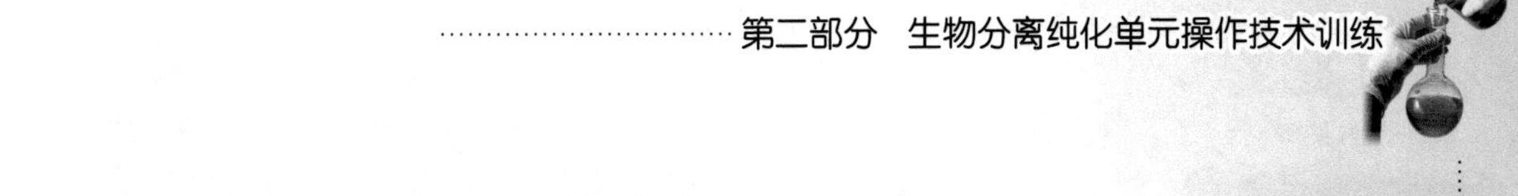

蒸水溶解，盐酸调节 pH 至 7.0，定容至 1 000 ml。

(2) 冷丙酮(含 0.07%β-巯基乙醇)，−20 ℃预冷。

2. 液氮研磨

取 1 g 左右的植物叶片，放入研钵中，倒入约研钵一半体积的液氮，迅速研磨。液氮沸腾结束后再研磨几下，然后加入少量液氮，重复研磨，直至样品已经磨细。色素多的可按材料鲜重的 10%加入 PVP。

注意：研钵和研杵必须是瓷质的，玻璃材料用液氮研磨时候容易破裂；研钵和研杵应干燥，使用前置于烘箱 180 ℃烘 2～3 个小时；操作过程中应戴厚手套，防止冻伤；研磨时动作不宜过大，用手心力量往下旋转碾碎，防止样品飞溅。

3. 植物叶蛋白提取

将充分研磨过的样品转入离心管中，加入 10 ml 提取缓冲液，摇匀后在 4 ℃冷藏条件下提取 1 h，使蛋白充分溶解。放置后的样品充分摇匀，4 ℃、10 000 r/min 离心 30 min，弃沉淀，上清液即为粗提液。

4. 丙酮沉淀

向粗提液中加入 3 倍体积−20 ℃条件下预冷的丙酮(含 0.07%β-巯基乙醇)，混合均匀后−20 ℃放置过夜，让蛋白充分沉淀。隔日取出混合物，在 4 ℃、10 000 r/min 离心 30 min，弃上清，沉淀即为植物叶蛋白。置于−20 ℃下，使丙酮完全挥发。然后，向沉淀中加入上样缓冲液 1.0 ml，沉淀充分溶解后，转移至 1.5 ml 离心管中，4 ℃、12 000 r/min 离心 15 min，弃沉淀取上清，即得到植物叶蛋白溶液。

【技能拓展：Bradford 法测定植物叶蛋白含量】

【实验原理】

考马斯亮蓝 G-250 在一定浓度乙醇及酸性条件下呈淡红色溶液，与蛋白质结合之后生成蓝色化合物，最大吸光度由 465 nm 变成 595 nm。该反应迅速且稳定，在一定的蛋白质浓度范围内，该化合物的颜色深浅与蛋白质浓度成正比。所以可以以牛血清蛋白为标准物，通过测定结合化合物在 595 nm 处的吸光度值来测定蛋白质的含量。

【实验材料】

待测样品：植物叶蛋白溶液。

主要试剂：牛血清蛋白；考马斯亮蓝 G-250；90%乙醇；磷酸；蒸馏水。

主要设备：电子天平；可见分光光度计；玻璃或塑料比色皿。

【操作步骤】

1. 试剂

(1) 标准蛋白溶液(100 μg/ml)：称取牛血清蛋白 10 mg，加蒸馏水溶解，定容至 100 ml，混匀待用。

(2) 考马斯亮蓝试剂(工作液)：称取 100 mg 考马斯亮蓝 G-250，溶于 50 ml 90%乙醇中，加入 100 ml 85%(w/v)磷酸，用蒸馏水定容至 1 000 ml。棕色瓶常温下保存，一个月内可用。

2. 标准曲线制作

取干净试管，按照表 2－6 加入试剂，混匀后向各管中加入 5 ml 考马斯亮蓝试剂，混匀后放置 5 min。以空白管为对照，测定各管在 595 nm 处的吸光度。以蛋白质含量为横坐标，吸光度为纵坐标绘制标准曲线。

表 2－6　Bradford 法标准曲线制作

管号 试剂	1 （空白）	2	3	4	5	6
标准蛋白溶液（100 μg/ml）	0	0.2	0.4	0.6	0.8	1.0
蒸馏水（ml）	1.0	0.8	0.6	0.4	0.2	0
蛋白含量（μg/L）	0	20	40	60	80	100
光密度值 OD595	0					

注：应使用玻璃比色皿或塑料比色皿测定，测定结束后及时用少量 95％乙醇洗去染色。因石英比色皿不易洗去染色，所以不可使用。

3. 样品测定

取 0.1 ml 植物叶蛋白溶液，加入蒸馏水 0.9 ml 后混匀，再加入 5 ml 考马斯亮蓝试剂，混匀后放置 5 min。以空白管为对照，测定样品管在 595 nm 处的吸光度。与标准曲线比对，计算植物叶蛋白溶液的蛋白浓度。

【技能拓展：SDS－PAGE 检测植物叶蛋白】

【实验材料】

待测样品：植物叶蛋白溶液。

主要试剂：丙烯酰胺；亚甲基双丙烯酰胺；SDS；Tris；浓盐酸；过硫酸铵；甘氨酸；考马斯亮蓝 R250；乙醇；甲醇；甘油；溴酚蓝；巯基乙醇；TEMED；双蒸水；蛋白质 Marker。

主要设备：电泳仪；垂直电泳槽和制胶器；微量加样器；微量移液器（1 000 μl）；脱色摇床；0.45 μm 滤膜和滤器。

【操作步骤】

1. 试剂配制

（1）30％丙烯酰胺混合液（30％ Acrylamide）配制：称量丙烯酰胺 290 g、亚甲基双丙烯酰胺 10 g 于 1 L 烧杯中，向烧杯中加入约 600 ml 蒸馏水，充分搅拌溶解，然后定容到 1 L，用0.45 μm 滤膜过滤，将溶液置于棕色瓶中 4 ℃保存。

（2）10％SDS 溶液配制：称量 10 g SDS 于 100 ml 烧杯中，加入约 80 ml 蒸馏水，68 ℃加热溶解或者静置使其缓慢溶解。定容至 100 ml 后室温保存。

（3）1.5 mol/L Tris－HCl 缓冲液（pH8.8）配制：也称分离胶缓冲液。称量 181.7 g Tris 于1 L烧杯中，加入约 800 ml 蒸馏水充分搅拌溶解，用浓盐酸调节 pH 至 8.8，定容到 1 L，灭菌后室温保存。

(4) 1.0 mol/L Tris－HCl缓冲液体(pH为6.7)配制：也称浓缩胶或分离胶缓冲液。称量121.1 g Tris于1 L烧杯中，加入约800 ml蒸馏水充分搅拌溶解，用浓盐酸调节pH至6.7，定容到1 L，灭菌后室温保存。

(5) 10％过硫酸铵溶液配制：1 g过硫酸铵加入10 ml的蒸馏水搅拌溶解，于棕色瓶4 ℃保存。一般两个星期内可用，若超过两个星期则失去催化作用。

(6) 5×Tris－甘氨酸电极缓冲液配制：称量Tris 15.1 g、甘氨酸94 g、SDS 5.0 g于1 L烧杯中，加入约800 ml蒸馏水搅拌溶解，定容至1 L，室温保存，用时稀释5倍使用。

(7) 染色液的配制：考马斯亮蓝R250 2.5 g，乙醇100 ml，甲醇450 ml，加蒸馏水定容至1 000 ml。

(8) 脱色液的配制：冰乙酸375 ml，甲醇250 ml，加蒸馏水定容至1 000 ml。

(9) 上样缓冲液的配制：量取10％SDS溶液3 ml，甘油1 ml，溴酚蓝(0.1％，乙醇中)0.5 ml，浓缩胶缓冲液1.25 ml，加水定容到100 ml。

2. 安装玻璃板和制胶器

选择配对的两块玻璃板，先用清洁剂清洁，再用蒸馏水冲洗，最后用乙醇擦洗并晾干，正确安装玻璃板和制胶器。凹面玻璃板粗糙面玻璃条的厚度决定了胶的厚度，有1.00 mm和1.5 mm两种规格可选。注意将凹面玻璃板对内放置，如图2－6所示；注意夹紧防止漏胶，制胶器两侧的箭头对准胶的厚度(如图2－6C，厚度为1.0 mm)。

A图：凹面玻璃板

B图：平板玻璃

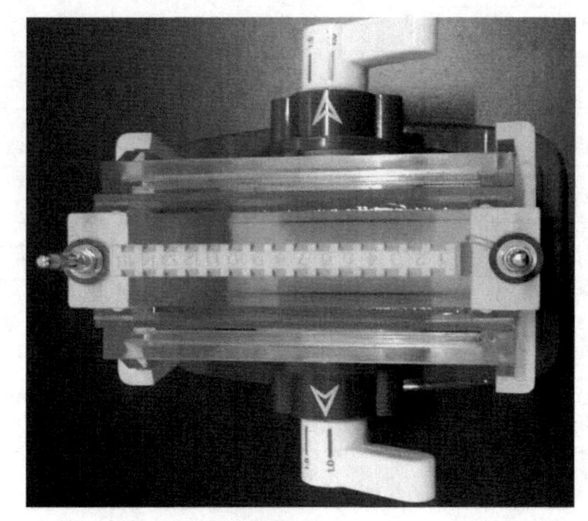
C图：制胶器安装

图2－6　玻璃板和制胶器安装

3. 配制分离胶

取洁净干燥的小烧杯，按照表2－7配制12％的电泳分离胶(应根据α－淀粉酶的实际分子量调整分离胶浓度)，迅速混匀，用微量移液器(1 000 μl)将配好的溶液灌入两块玻璃板中间，或直接灌胶，待分离胶液面上升到一定高度后，加入正丁醇饱和的水除去灌胶过程可能产生的气泡并液封，30 ℃放置半个小时左右使之形成胶体。

注意：① 灌胶过程中观察分离胶的高度，距较低的玻璃板顶端要有一定距离，预留浓缩胶

和加样孔的位置。② 形成胶体的放置过程中，注意不能移动位置，配制浓缩胶时也同样要注意。③ 形成胶体过程中，注意观察胶和水之间的界面，判断胶是否凝固，防止提前移动胶影响成形。④ 丙烯酰胺单体、N,N-亚甲基双丙烯酰胺、过硫酸铵、TEMED、SDS 有一定毒性，操作过程中注意个人防护，应戴合适的手套和口罩，操作迅速。

表 2-7　SDS-PAGE 分离胶配制

组分名称	各种凝胶体积对应的各种组分的取样量							
	5 ml	10 ml	15 ml	20 ml	25 ml	30 ml	40 ml	50 ml
6%分离胶								
蒸馏水	2.6	5.3	7.9	10.6	13.2	15.9	21.2	26.5
30% Acrylamide	1.0	2.0	3.0	4.0	5.0	6.0	8.0	10.0
1.5M Tris-HCl(pH8.8)	1.3	2.5	3.8	5.0	6.3	7.5	10.0	12.5
10%SDS	0.05	0.1	0.15	0.2	0.25	0.3	0.4	0.5
10%过硫酸铵	0.05	0.1	0.15	0.2	0.25	0.3	0.4	0.5
TEMED	0.004	0.008	0.012	0.016	0.02	0.024	0.032	0.04
8%分离胶								
蒸馏水	2.3	4.6	6.9	9.3	11.5	13.9	18.5	23.2
30% Acrylamide	1.3	2.7	4.0	5.3	6.7	8.0	10.7	13.3
1.5M Tris-HCl(pH8.8)	1.3	2.5	3.8	5	6.3	7.5	10.0	12.5
10%SDS	0.05	0.1	0.15	0.2	0.25	0.3	0.4	0.5
10%过硫酸铵	0.05	0.1	0.15	0.2	0.25	0.3	0.4	0.5
TEMED	0.003	0.006	0.009	0.012	0.015	0.018	0.024	0.03
10%分离胶								
蒸馏水	1.9	4	5.9	7.9	9.9	11.9	15.9	19.8
30% Acrylamide	1.7	3.3	5	6.7	8.3	10	13.3	16.7
1.5M Tris-HCl(pH8.8)	1.3	2.5	3.8	5	6.3	7.5	10.0	12.5
10%SDS	0.05	0.1	0.15	0.2	0.25	0.3	0.4	0.5
10%过硫酸铵	0.05	0.1	0.15	0.2	0.25	0.3	0.4	0.5
TEMED	0.002	0.004	0.006	0.008	0.01	0.012	0.016	0.02
12%分离胶								
蒸馏水	1.6	3.3	4.9	6.6	8.2	9.9	13.2	16.5
30% Acrylamide	2	4	6	8	10	12	16.0	20.0
1.5M Tris-HCl(pH8.8)	1.3	2.5	3.8	5	6.3	7.5	10.0	12.5

续表 2－7

组分名称	各种凝胶体积对应的各种组分的取样量							
	5 ml	10 ml	15 ml	20 ml	25 ml	30 ml	40 ml	50 ml
12%分离胶								
10%SDS	0.05	0.1	0.15	0.2	0.25	0.3	0.4	0.5
10%过硫酸铵	0.05	0.1	0.15	0.2	0.25	0.3	0.4	0.5
TEMED	0.002	0.004	0.006	0.008	0.01	0.012	0.016	0.02
15%分离胶								
蒸馏水	1.1	2.3	3.4	4.6	5.7	6.9	9.2	11.5
30% Acrylamide	2.5	5	7.5	10	12.5	15	20.0	25.0
1.5M Tris－HCl(pH8.8)	1.3	2.5	3.8	5	6.3	7.5	10.0	12.5
10%SDS	0.05	0.1	0.15	0.2	0.25	0.3	0.4	0.5
10%过硫酸铵	0.05	0.1	0.15	0.2	0.25	0.3	0.4	0.5
TEMED	0.002	0.004	0.006	0.008	0.01	0.012	0.016	0.02

4. 配制浓缩胶

倾倒出上层水，取洁净干燥的小烧杯按照表 2－8 配制浓缩胶，迅速混匀后立即灌胶，然后立即加上 Teflon 梳子(根据样品的量和条带宽度选择不同梳子，见图 2－7)，形成进样孔洞，在 30 ℃条件下静置半小时左右成胶。

表 2－8　SDS－PAGE 浓缩胶(5%)配制

组分名称	各种凝胶体积对应的各种组分的取样量							
	1 ml	2 ml	3 ml	4 ml	5 ml	6 ml	8 ml	10 ml
蒸馏水	0.68	1.4	2.1	2.7	3.4	4.1	5.5	6.8
30% Acrylamide	0.17	0.33	0.5	0.67	0.83	1.0	1.3	1.7
1.0M Tris－HCl(pH6.8)	0.13	0.25	0.38	0.5	0.63	0.75	1.0	1.25
10%SDS	0.01	0.02	0.03	0.04	0.05	0.06	0.08	0.1
10%过硫酸铵	0.01	0.02	0.03	0.04	0.05	0.06	0.08	0.1
TEMED	0.001	0.002	0.003	0.004	0.005	0.006	0.008	0.01

5. 样品的制备

取样品 80 μl，加入 20 μl 2×SDS 上样缓冲液、1 μl 2－巯基乙醇，混合均匀后沸水浴热处理 3 min 后离心，取上清液上样。

6. 上样

电泳胶形成之后，小心地拔出 Teflon 梳子，用蒸馏水冲洗进样孔以除去未聚合的溶液，然

后用滤纸吸干蒸馏水。向电泳槽的上槽加入稀释至工作浓度的上样缓冲液，液面要高于胶加样孔顶端，如图 2－8B 所示。然后在进样孔中用微量进样器依次加样蛋白质 Marker 10 μl、植物叶蛋白样品 20 μl，将样品加入到加样孔的底部。若加样孔数大于样品数，没有样品的孔加入等量的上样缓冲液。若只需要一块胶，在另一边安装玻璃板，如图 2－8A 所示。

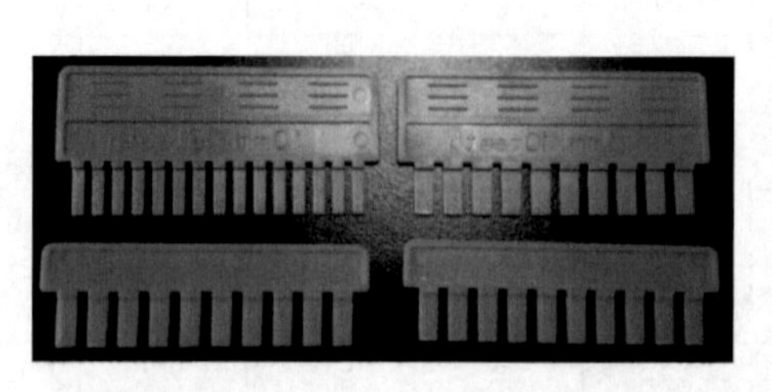

图 2－7　Teflon 梳子

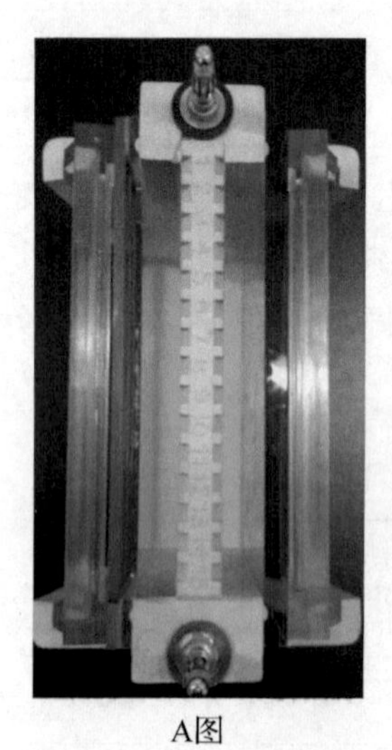

A图

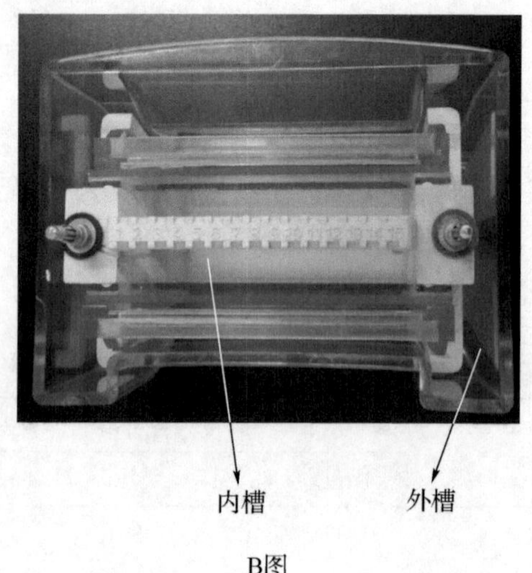

B图

图 2－8　电泳槽

7. 安装和电泳

将制胶器直接放入电泳槽中，向电泳槽中倒入稀释至工作浓度的电极缓冲液，接上电泳仪并打开电源，注意正负极的连接。调节电压为 100 V，待蓝色溴酚蓝条带跑至分离胶与浓缩胶的分层处时，把电压调为 200 V，直到蓝色溴酚蓝条带跑至距胶的底部 1～2 cm 时，关闭电源。

8. 剥胶与染色

从缓冲液中取出制胶器，卸下玻璃板。小心打开玻璃板，可在底部切去一小块分离胶，便于识别各样品的位置。用刀片在玻璃板与胶结合的地方轻轻切，保证胶与板可剥离但不损坏胶。往干净容器中倒入染色液，将胶小心放入，脱色摇床上振荡染色 0.5～1 h。

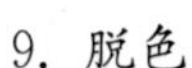

9. 脱色

倒出染色液，用蒸馏水反复洗至没有浮色。加入适量脱色液，置于脱色摇床振荡脱色。每隔一个小时更换一次脱色液，更换过三次脱色液之后，进行过夜脱色，至背景色脱净、条带清晰为止。

10. 结果观察

根据电泳结果，观察植物叶蛋白的种类和分子量分布。

实验二　盐析法分离卵清蛋白

【实验目标】

(1) 掌握盐析技术分离目标蛋白的原理和应用。

(2) 理解分段盐析的原理并能熟练完成操作过程。

(3) 能熟练完成加入饱和硫酸铵溶液和加入硫酸铵盐两种沉淀方法的操作步骤。

【实验原理】

向含有蛋白质的溶液中加入中性盐，当盐浓度达到一定值后，蛋白质从溶液中沉淀析出，这种分类方法称为盐析技术。中性盐的加入，会破坏蛋白质表面的水化膜，中和蛋白质的表面电荷，使蛋白质相互聚集而析出。

盐析法常用的盐有硫酸铵、硫酸钠、氯化镁、硫酸钠等。硫酸铵因其溶解度较大且受温度影响小、对蛋白质活性有一定的稳定作用、且价格低廉等优点，是实验和生产中最常用的盐析用盐。

【实验材料】

市售新鲜鸡蛋；纱布；研钵。

主要试剂：氯化钠；硫酸铵。

主要设备：离心机；电子天平；磁力搅拌器。

【操作步骤】

1. 试剂配制

(1) 饱和氯化钠溶液：称取约 60 g 氯化钠，加入 150 ml 蒸馏水，加热溶解后冷却到室温，放置一段时间至有晶体析出即可。

(2) 蛋白质氯化钠溶液：取 20 ml 鸡蛋清，加蒸馏水 200 ml 混匀，加入饱和氯化钠溶液 100 ml助溶球蛋白。充分搅拌，用纱布过滤除去不溶物。

(3) 饱和硫酸铵溶液：取 80 g 硫酸铵，加蒸馏水 100 ml，加热至 50 ℃恒温保持 10 min 至硫酸铵全部溶解，趁热过滤。0 ℃或室温过夜静置，次日过滤除去析出的硫酸铵，即得硫酸铵饱和溶液。

2. 50%硫酸铵饱和度沉淀球蛋白

取 20 ml 蛋白质氯化钠溶液，室温条件下加入 20 ml 饱和硫酸铵溶液，混匀后静置30 min，观察沉淀析出。将混合物过滤或离心，沉淀即为球蛋白，上清液继续进行下面的实验。

3. 50%～80%硫酸铵饱和度沉淀清蛋白

量取溶液体积，按照表 2－9 计算达到饱和度 80%需加入硫酸铵的量。准确称取硫酸铵并研成细粉末。开启磁力搅拌器缓慢搅拌，在搅拌状态下缓缓加入研成细粉末的硫酸铵，静置 30 min后，过滤后得到的主要为清蛋白沉淀。

注意：硫酸铵粉末的加入应少量多次加入，若出现未溶解的硫酸铵，应该等其完全溶解后再加硫酸铵，以免引起局部盐浓度过高，影响盐析效果或使蛋白失活。也可用玻璃棒边搅拌边加入盐，仍要注意少量多次加入，搅拌速度要缓慢。

表 2－9　调整硫酸铵溶液饱和度计算表（25 ℃）

硫酸铵终浓度，饱和度/%																		
		10	20	25	30	33	35	40	45	50	55	60	65	70	75	80	90	100
每一升溶液加固体硫酸铵的克数*																		
	0	56	114	114	176	196	209	243	277	313	351	390	430	472	516	561	662	707
	10		57	86	118	137	150	183	216	251	288	326	365	406	449	494	592	694
	20			29	59	78	81	123	155	189	225	262	300	340	382	424	520	619
	25				30	49	61	93	125	158	193	230	267	307	348	390	485	583
	30					19	30	62	94	127	162	198	235	273	314	356	449	546
	33						12	43	74	107	142	177	214	252	292	333	426	522
硫酸铵初浓度，饱和度/%	35							31	63	94	129	164	200	238	278	319	411	506
	45									32	65	99	134	171	210	250	339	431
	50										33	66	101	137	176	214	302	392
	55											33	67	103	141	179	264	353
	60												34	69	105	143	227	314
	65													34	70	107	190	275
	70														35	72	153	237
	75															36	115	198
	80																77	157
	90																	79

* 在 25 ℃ 下，硫酸铵溶液由初浓度调到终浓度时，每升溶液所加固体硫酸铵的克数。

实验三　等电点法分离乳蛋白素

【实验目标】

(1) 掌握等电点沉淀技术的原理和应用。

(2) 能熟练进行等电点沉淀目的产物的操作步骤。

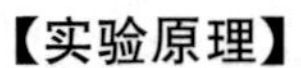

【实验原理】

乳蛋白素(α-lactalbumin)是乳糖合成所需要的蛋白质，广泛存在于乳品中。本实验以牛乳为原料，利用等电点沉淀技术提取乳蛋白素粗品。牛乳中的主要蛋白质是酪蛋白，在pH为4.8左右会沉淀析出，而乳蛋白素在pH为3左右才会沉淀析出。利用这一性质，先将牛乳的pH调节至4.8将酪蛋白沉淀出来，过滤除去酪蛋白沉淀后将滤液的pH调至3.0，使乳蛋白素沉淀析出，再经过一次等电点沉淀即可得到乳蛋白素粗品。

【实验材料】

市售牛乳。

主要试剂：氢氧化钠；浓盐酸；滤纸；乙酸；乙酸钠；乙醇。

主要设备：高速冷冻离心机；pH计；恒温水浴锅；布氏漏斗及抽滤设备。

【操作步骤】

1. 试纸配制和准备

(1) 配制0.1 mol/L氢氧化钠和0.1 mol/L盐酸。

(2) 配制标准缓冲液，对pH进行温度校正，定位和斜率校正，待用。

(3) 配制0.2 mol/L、pH4.6的乙酸-乙酸钠缓冲液，查表2－1配制。

2. 等电点法制备酪蛋白

(1) 保温：将50 ml牛乳倒入烧杯中，在40 ℃恒温水浴中加热并搅拌10 min。同时，将50 ml 0.2 mol/L、pH4.6的乙酸-乙酸钠缓冲液在40 ℃恒温水浴中加热保温10 min。

(2) 沉淀酪蛋白：向保温搅拌后的牛乳中边搅拌边加入已在40℃保温过的乙酸-乙酸钠缓冲液，加入过程要缓慢并一直搅拌，并不断用酸度计测定pH值，直至pH达到4.8±0.1。将得到的悬浮液冷却至室温，室温静置10 min。

(3) 过滤：上述悬浮液进行过滤，沉淀即为酪蛋白，滤液继续进行后续沉淀乳蛋白素的操作。

(4) 酪蛋白纯化：向得到的酪蛋白沉淀中加入30 ml乙醇，搅拌均匀后倾倒于布氏漏斗中，过滤除去乙醇溶液，抽干。将滤纸上的沉淀转移到干净平皿中，干燥后得到酪蛋白，称重、记录质量和性状。

3. 等电点法制备乳蛋白素

(1) 沉淀乳蛋白素：将按上述步骤进行保温、沉淀酪蛋白、固液分离后得到的滤液收集置于烧杯中，一边搅拌一边加入0.1 mol/L盐酸，并不断用酸度计测定pH值，直至pH达到3.0±0.1。

(2) 离心：将溶液转移到离心管中，4 ℃、6 000 r/min离心15 min，弃上清液。

(3) 蛋白溶解：向上述沉淀中加入10 ml蒸馏水，振荡使沉淀重新悬浮于水中混合均匀。将悬浮液转移到烧杯中，一边搅拌一边加入0.1 mol/L氢氧化钠，并不断用酸度计测定pH值，直至pH达到8.5～9.0，使全部蛋白溶解。

(4) 离心：将溶液转移到离心管中，4 ℃、6 000 r/min离心15 min，弃沉淀。

(5) 二次沉淀乳蛋白素：将离心后得到的上清液转移到烧杯中，一边搅拌一边加入0.1 mol/L盐酸，并不断用酸度计测定 pH 值，直至 pH 达到 3.0±0.1。

(6) 离心：将得到的悬浮液转移到离心管中，4 ℃、6 000 r/min 离心 15 min，弃上清液。沉淀即为乳蛋白素，干燥后称重，记录质量和性状。

4. 计算产率

(1) 酪蛋白产率计算：计算每 100 ml 牛乳中含有酪蛋白的质量，与理论产量(3.5%)比较。

(2) 乳蛋白素产量计算：计算每 100 ml 牛乳中含有乳蛋白素的质量。

实验四　重结晶法制备甘草酸

【实验目标】

(1) 掌握重结晶技术的原理及应用。

(2) 能熟练完成甘草酸提取分离和重结晶精制的操作步骤。

【实验原理】

甘草酸又称为甘草皂苷、甘草甜素，是从甘草中提取的活性物质，分子式为 $C_{42}H_{62}O_{16}$，具有甘草甜味。甘草酸在甘草中的含量为 4%～14%，因为产地不同而不同。甘草酸为白色或淡黄色结晶型粉末，溶于热水和热的稀乙醇，不溶于乙醚和无水乙醇。甘草酸的甜味约为蔗糖的250 倍，因其具有特殊甜味这一特性，甘草酸常与多种药物制成复盐或复方制剂，具有改善口味、增溶、增加药物稳定性、提高生物利用度等多种作用。

本实验以甘草为原料，用热水提取甘草酸，利用乙醇沉淀除去植物蛋白和多糖等杂质，再利用甘草酸遇酸沉淀的性质通过往料液中加入硫酸使甘草酸析出，最后在乙醇中进行重结晶对产品进行精制。

【实验材料】

甘草。

主要试剂：95%乙醇；稀硫酸；蒸馏水。

主要设备：粉碎机；10 目筛；提取回流装置；真空旋转蒸发仪；抽滤设备；过滤设备；真空干燥箱。

【操作步骤】

1. 原料处理

挑选干净、干燥的甘草，将其放入粉碎机中进行粉碎，然后过 10 目筛，得到甘草粉，干燥保存待用。

2. 提取

称取一定质量的甘草粉放入提取瓶中，加入 5 倍质量的蒸馏水，搅拌条件下于 85 ℃加热回流 2.5 h。提取结束后趁热过滤，向滤渣中加入甘草粉 3 倍质量的蒸馏水，同样条件下重复提取一次，趁热过滤。合并两次得到的滤液，得粗提液。

3. 浓缩

将甘草酸粗提液转移到真空旋转蒸发仪的旋转瓶中，40 ℃蒸发除去 4/5 的液体，待料液体积下降到约为原体积的 1/5 时，趁热进行过滤，收集滤液。

4. 乙醇沉淀除杂

滤液冷却至室温后，边搅拌边加入滤液体积 1/2 体积的 95%乙醇，搅拌均匀后室温静置过夜，然后过滤除去沉淀物，收集滤液。

5. 沉淀甘草酸

向得到的滤液中，边搅拌边加入硫酸，使甘草酸沉淀析出，然后离心，弃上清，沉淀为甘草酸。

6. 重结晶

用 60～70 ℃的稀乙醇进行甘草酸重结晶，减压过滤后得甘草酸结晶湿品。

7. 干燥

将甘草酸结晶湿品置于真空干燥箱，70～80 ℃加热 1 h 至干燥，粉碎、过筛后得甘草酸产品。

【技能拓展：甘草酸检测】

【实验材料】

甘草酸样品；白瓷板。

主要试剂：乙醇；氨试剂；4%硫酸；3%盐酸。

主要设备：电子天平；干燥箱。

【操作步骤】

1. 甘草酸定性鉴别

取甘草酸产品 4 mg 置于白瓷板上，滴加 4%硫酸 7 滴，观察渐渐变成橙黄色至橙红色。

2. 甘草酸纯度检测

精确称取甘草酸样品 6 g(记为 M)，加蒸馏水 50 ml 溶解后转移至 100 ml 容量瓶中，用乙醇稀释至刻度，摇匀后室温静置 10 h。吸取上清液 25 ml 置烧杯中，加氨试液 3 滴后加热至稠膏状，加 30 ml 蒸馏水溶解，慢慢加入 3%盐酸溶液 5 ml，置于冰水中冷却 30 min，过滤后收集沉淀。沉淀用 5 ml 冰水洗涤 3 次。弃去洗液及滤液，将沉淀物放在表面皿中使水分自然蒸发，然后加入 10 ml 加热至 65 ℃的乙醇，使沉淀物溶解，过滤后弃沉淀，将乙醇溶液放入干燥恒重的烧杯(烧杯干燥恒重后质量为 M_1)中加热蒸干并精确称量(记为 M_2)。甘草酸样品的纯度计算如下：

$$X=\frac{(M_2-M_1)\times 4}{M}\times 100\%$$

第四章　膜分离技术

实验一　蛋白质溶液透析

【实验目标】

(1) 掌握蛋白透析技术的原理和应用。

(2) 能熟练进行透析袋的预处理和透析除蛋白溶液中盐的操作。

(3) 能按要求选择合适的方法评价除盐效果、判断透析终点。

【实验原理】

透析膜是一种半透膜，水和小分子能够通过，而蛋白质等大分子被截留。将含有一定浓度盐的蛋白溶液加入到透析袋中，两端密封后放入低浓度溶液中进行透析，透析袋内的盐离子会因为渗透压的作用从袋内向袋外转移。所以，常利用透析技术除去溶液中的盐等小分子。

【实验材料】

市售新鲜鸡蛋；透析袋(MW 为 8 000～14 000 Da)；一次性塑料手套(不含滑石粉)；棉线。

主要试剂：10%硝酸溶液，1%硝酸银溶液，10%氢氧化钠溶液，1%硫酸铜溶液。

主要设备：小型微波炉和煮锅一套；电磁搅拌器；试管及试管架。

【操作步骤】

1. 试剂配制

(1) 饱和氯化钠溶液：称取约 150 g 氯化钠，加入 400 ml 蒸馏水，加热溶解后冷却到室温，放置一段时间至有晶体析出即可。

(2) 蛋白质氯化钠溶液：取 3 个鸡蛋，去蛋黄后将蛋清合并，与 700 ml 水及 300 ml 饱和氯化钠溶液混合均匀后，用数层干纱布过滤后即得。

(3) 透析袋处理液：

A 液(含 2% $NaHCO_3$ (w/v)、1 mmol/L EDTA，pH8.0)：称取 10 g $NaHCO_3$、186.6 mg EDTA，溶解于蒸馏水中，定容至 500 ml，用精密 pH 试纸校正 pH 值。

B 液(1 mmol/L EDTA，pH8.0)：EDTA 浓度为 373.2 mg/L，用精密 pH 试纸校正 pH 值。

(4) 透析袋保存液：30%乙醇，或 50%乙醇，或 0.1%叠氮钠，或 50%甘油。

(5) 双缩脲试剂：配制 0.1 g/ml 氢氧化钠溶液，为双缩脲试剂 A；配制 0.01 g/ml 硫酸铜溶液，为双缩脲试剂 B；使用时，先向样品中加入 1 ml 试剂 A，再加入 3 滴试剂 B，观察显色情况。

2. 透析袋的预处理

将透析袋剪成适当长度的小段，一般为 10 cm 左右。在大体积预处理 A 液中将透析袋加热煮沸 10 min，然后用蒸馏水彻底清洗透析袋。再在大体积预处理 B 液中将透析袋加热煮沸 10 min，冷却后用蒸馏水将透析袋彻底清洗后浸没于蒸馏水中备用。使用前将袋内装满蒸馏水再排出，将透析袋清洗干净。若用即用型透析袋，使用前只需要用蒸馏水清洗干净即可。

注意：在以上预处理操作过程中，必须确保透析袋始终浸没在预处理溶液内。

3. 加样

洗净双手，戴上手套，用棉线将透析袋一端扎紧，将蛋白质氯化钠溶液加入透析袋，再将另一端扎紧。

注意：透析袋装液时应预留 1/3～1/2 的空间，防止透析过程中，袋外的水或缓冲液进入透析袋内使其涨破；操作过程中一定要戴手套，防止手上的杂质污染样品。

4. 透析除盐

将透析袋放入盛有蒸馏水的烧杯中，将烧杯置于磁力搅拌器上设定合适的转速不断搅动蒸馏水，见图 2-9，每隔 30 min～1 h 更换烧杯中的蒸馏水。

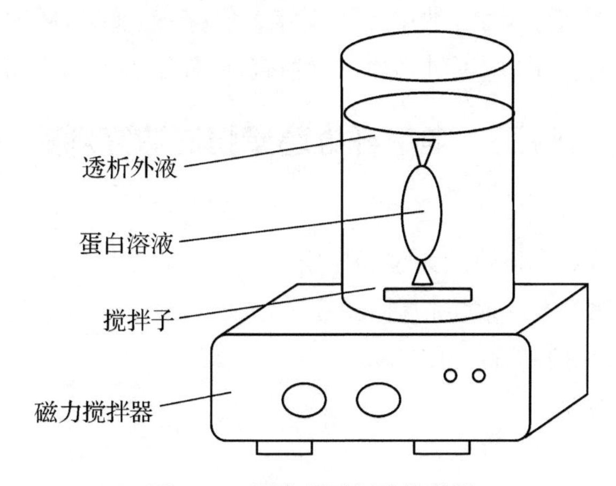

图 2-9　蛋白质透析除盐装置

5. 透析效果检查

(1) 透析前检查：取蛋白溶液加入硝酸银试剂和双缩脲试剂，检查氯离子和蛋白质，观察出现的颜色并记录。

(2) 透析效果检查：透析一段时间后每次更换透析外液前，自烧杯中取水（透析外液）1～2 ml，加硝酸银溶液数滴检查氯离子存在，观察出现的颜色并记录；另从烧杯中取 1～2 ml 水（透析外液），做双缩脲反应，检查是否有蛋白质的存在。

不断更换烧杯中的蒸馏水（并用电磁搅拌器不断搅动蒸馏水）以加速透析过程。从烧杯中的水（透析外液）中检测不出氯离子时，停止透析并检查透析袋内容物是否有蛋白质或氯离子存在。

表 2-10　蛋白质透析除盐记录表

<table>
<tr><td colspan="3">样品</td><td>氯离子检测</td><td>双缩脲反应</td></tr>
<tr><td colspan="3">透析前样品</td><td></td><td></td></tr>
<tr><td rowspan="4">透
析
外
液</td><td>透析时间</td><td></td><td></td><td></td></tr>
<tr><td>透析时间</td><td></td><td></td><td></td></tr>
<tr><td>透析时间</td><td></td><td></td><td></td></tr>
<tr><td>…………</td><td></td><td></td><td></td></tr>
<tr><td colspan="3">透析后样品</td><td></td><td></td></tr>
</table>

6. 透析袋的保存

先用生理盐水浸泡洗净，再用蒸馏水洗净。若暂时不使用透析袋，将处理好的透析袋置于30%或50%乙醇中放于4 ℃冰箱并确保透析袋始终浸没在溶液内。使用前用蒸馏水将透析袋里外加以清洗干净。透析袋由再生纤维素构成，可以煮沸或消毒，但是保存过程中仍易滋生微生物。

若长时间不用，可以保存于0.1%叠氮钠（可防止微生物生长）中；0.05%～0.1%叠氮钠，或者1 mmol/L EDTA，或者50%甘油中4 ℃保存。保存一段时间后取用透析袋必须戴手套。洗净晾干的透析袋弯折时易裂口，用时必须仔细检查，确保不漏液后方可重复使用。

实验二　中空纤维超滤膜法浓缩料液

【实验目标】

(1) 掌握膜分离技术浓缩料液的原理和应用。

(2) 能熟练完成超滤技术浓缩生物料液的操作过程。

(3) 学会膜的清洗、灭菌和保存维护。

(4) 了解膜的分类和选择。

【实验原理】

在一定的压力作用下，溶液经过超滤膜表面时，因为膜的表面性质、膜的多孔性等作用，低分子溶质和溶剂能够通过超滤膜成为透过液，而大分子被超滤膜截留不能透过超滤膜。最后，部分水分子和低分子溶质通过超滤作用从料液中去除，达到料液浓缩的目的，同时也除去了一些小分子杂质。本实验采用中空纤维式超滤膜组件对含有聚乙二醇(PEG)的料液进行浓缩，膜组件结构见图2-10。

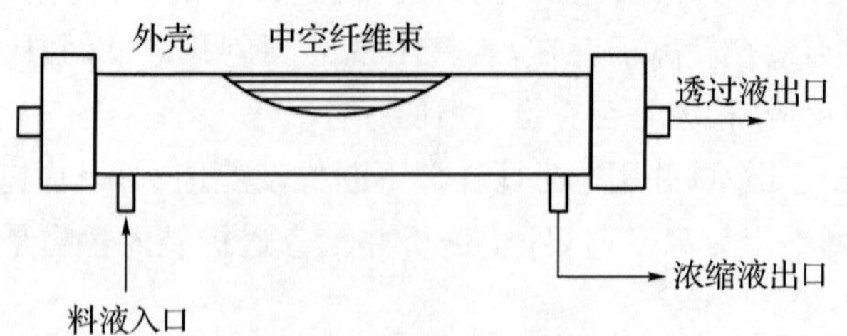

图 2-10　中空纤维式超滤膜组件

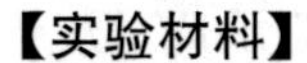

【实验材料】

主要试剂：聚乙二醇(MW20000)；甲醛；氢氧化钠；蒸馏水。

主要设备：中空纤维式超滤膜组件(截留分子量：6 000 Da；膜材料：聚砜中空纤维膜，有机玻璃膜外壳，管路及管件为ABS塑料)；分光光度计；蠕动泵；储罐。

【操作步骤】

1. 试剂配制

(1) 保护液：配制1%甲醛溶液，为膜组件的保护液。

(2) 配制聚乙二醇水溶液(25 mg/L)。

(3) 配制0.1 mol/L氢氧化钠溶液。

2. 膜组件保护液安装

将超滤组件中的保护液倒空，用蒸馏水冲洗干净。按图安装连接设备，向料液储罐内加入蒸馏水。

3. 清洗膜组件

启动蠕动泵，进一步用蒸馏水冲洗膜组件中残留的保护液。清洗过程中注意观察组件的工作情况和压力表数值，确认连接正确、安装紧密且工作正常。

4. 膜组件排水

清洗结束后，调整压力至0.04 MPa，再次确认系统无泄漏且工作正常。然后，排出柱中和系统中的蒸馏水，备用。

5. 料液浓缩

关闭蠕动泵，将料液储罐中的蒸馏水倒尽清洗后放入聚乙二醇水溶液(25 mg/L)，记录初始体积V_0。倒出透过液储罐中液体，清洗后干燥。启动蠕动泵，排出系统中的气泡后，调整膜组件进口压力表升压至0.04 MPa，对聚乙二醇溶液进行浓缩，收集透出液。

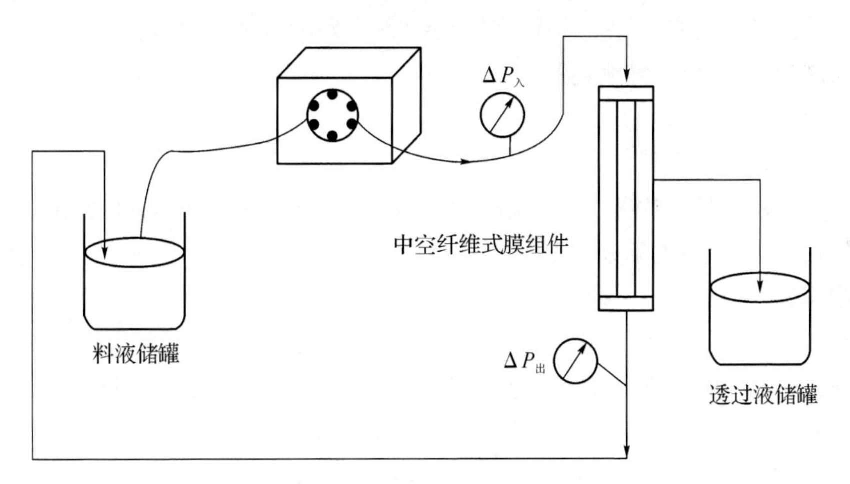

图2-11 超滤膜组件安装

透析开始时，注意观察，透出液端有液体流出时开始计时。每隔 20 min，记录透过液体积、储罐中浓缩液体积、进口压力和出口压力，可以取样检测聚乙二醇浓度。待料液储罐中浓缩液体积为原来体积的 20%时停止超滤。

表 2－11 超滤记录表

超滤时间	入口压力（MPa）	出口压力（MPa）	料液体积（ml）	透过液体积（ml）	取样体积（ml）
0					
20 min					
40 min					
60 min					
………					

6. 清洗和再生膜组件

放尽膜分离组件中的聚乙二醇溶液，向料液储罐中加入蒸馏水，用大量蒸馏水清洗膜组件，冲洗 10～30 min。可采取较大流量清洗，或者采取正洗和反洗两种不同方式冲洗，以保证冲尽膜组件中的聚乙二醇。

若膜组件污染严重，比如有肉眼可见的杂质残留、压力异常升高、通量变小等现象，用上述方法进行冲洗后没有改善，可以用 0.1 mol/L 氢氧化钠溶液代替蒸馏水按照上述方法清洗，然后用蒸馏水冲洗去膜组件中的氢氧化钠。

7. 膜组件的保养

放尽膜分离组件中的蒸馏水，向储罐中加入 1%甲醛保护液，启动蠕动泵将保护液充满膜组件。然后，停止操作，迅速拆下膜组件将所有进出口密封，防止保护液泄漏。在膜组件保存过程中，要保证保护液不泄漏，若保护液泄漏后膜组件干燥则无法再生使用。

【技能拓展：聚乙二醇含量测定】

【实验材料】

透明容量瓶；棕色容量瓶。

主要试剂：聚乙二醇（MW20000）；次硝酸铋；冰乙酸；碘化钾；醋酸钠；蒸馏水。

主要设备：电子天平；可见分光光度计。

【操作步骤】

1. 试剂配制

（1）A 液：准确称取 1.60 g 次硝酸铋，置于 100 ml 容量瓶中，加冰乙酸 10 ml，全部溶解后用蒸馏水稀释定容。

（2）B 液：准确称取 40.00 g 碘化钾用蒸馏水溶解后置于 100 ml 棕色容量瓶中，蒸馏水稀释定容。

（3）Dragendoff 试剂（简称 DF 试剂）：准确量取 A 液、B 液各 5 ml 于 100 ml 棕色容量瓶

中，加冰乙酸 40 ml，用蒸馏水稀释定容至 100 ml。室温保存，半年内可用。

(4) 乙酸-乙酸钠缓冲液的配制：称取 0.2 mol/L 乙酸钠溶液 590 ml 及 0.2 mol/L 冰乙酸溶液 410 ml 置于 1 000 ml 容量瓶中，配制成 pH 为 4.8 醋酸缓冲液。

(5) 聚乙二醇标准溶液(1 mg/ml)：准确称取在 60 ℃下干燥 4 小时的聚乙二醇 0.100 g，用蒸馏水溶解，定容至 100 ml。

2. 标准曲线制作

分别吸取聚乙二醇标准溶液(1 mg/ml)0.5、1.0、1.5、2.0、2.5、3.0 ml 稀释于 100 ml 容量瓶内配成浓度为 5、10、15、20、25、30 μg/ml 聚乙二醇标准溶液。再各取 25 ml 置于 50 ml 容量瓶中，分别加入 DF 试剂及醋酸缓冲液各 5 ml，加入蒸馏水定容至刻度，混匀后静置30 min～2 h。然后，用 10 mm 比色皿，以蒸馏水作为空白管为对照，测定各样品在波长 510 nm 下的吸光度。以聚乙二醇浓度为横坐标，吸光度值为纵坐标作图，绘制标准曲线。

表 2-12　聚乙二醇标准曲线制作

管号	1(空白)	2	3	4	5	6	7
聚乙二醇浓度(μg /ml)	0	5	10	15	20	25	30
OD510							

3. 样品检测

取料液、浓缩液、透过液样品各 25 ml 置于 50 ml 容量瓶中，分别加入 DF 试剂及醋酸缓冲液各 5 ml，加入蒸馏水定容至刻度，混匀后静置 30 min～2 h。然后，用 10 mm 比色皿，以空白管为对照，测定各样品在波长 510 nm 处的吸光度。与标准曲线对照，计算样品中聚乙二醇的浓度，并由此计算截留率、透过率和聚乙二醇的回收率。

第五章　层析技术

实验一　自动液相层析仪使用练习

【实验目标】

(1) 掌握自动层析系统的结构和功能,能绘制设备示意图。

(2) 能熟练进行自动液相层析仪和工作站的安装。

(3) 能熟练操作自动液相层析仪。

【实验原理】

自动液相层析仪由恒流泵、层析柱、紫外检测器、自动收集器和工作站等组成。使用时根据需要选择合适规格的层析柱,并根据待分离产物和料液的性质选择合适的层析介质和紫外检测波长。自动收集器可以选择计滴或计时两种方式,分别根据滴数或时间自动收集流出液。

【实验材料】

设备:自动液相层析仪(含泵、层析柱、检测器、收集器、工作站和电脑)。

其他材料:去离子水;量筒;秒表。

【操作步骤】

1. 恒流泵流速校正

设定恒流泵的转速,该仪器一般可设置每分钟转多少圈,外圈为圈数,内圈为零点几圈,见图 2-12。量取该转速下单位时间内输送的去离子水体积,校正恒流泵的流速。

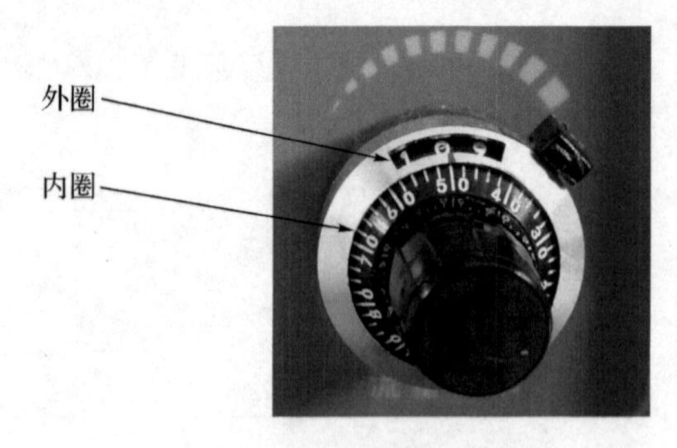

图 2-12　恒流泵

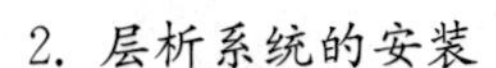

2. 层析系统的安装

正确连接层析系统，并画出示意图。以贮液瓶→恒流泵→层析柱→检测器→收集器的顺序连接设备，见图 2－13。将恒流泵的软管入口连接到流动相，将恒流泵的出口软管连接到层析柱的上端，层析柱的下端连接检测器进口（图 2－14，⊕为进口），将检测器出口（图 2－13，⊙为出口）连接到自动收集器的入口。根据待测产品的性质，将检测器背面波长选择旋钮旋转到合适的波长处。

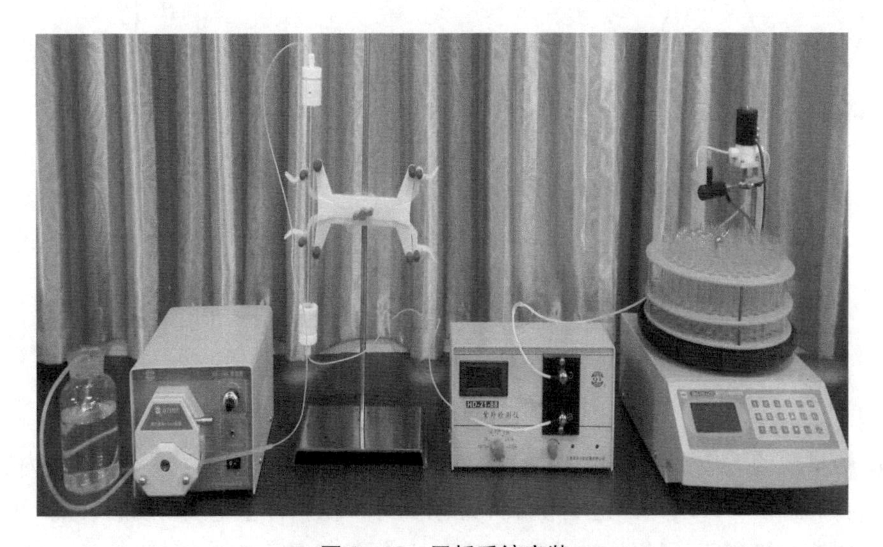

图 2－13　层析系统安装

（从左到右依次为流动相贮液瓶、恒流泵、层析柱、检测器、自动收集器。）

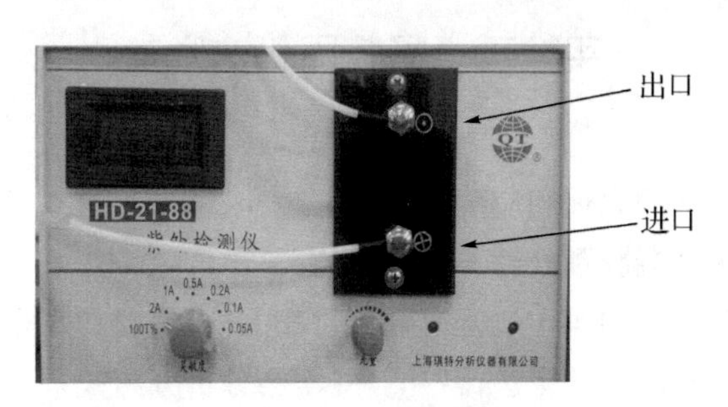

图 2－14　紫外检测仪

将检测器背面记录仪的接口与工作站的接口连接，见图 2－15。注意正极（红色）与正极相连，负极（黑色）与负极相连，并注意记录接入的通道数字 1 或者 2。检测器另一端连接电脑主机背面。检测器选择合适吸光度和灵敏度模式，进行调零（调到 0，或者 0.010～0.005）。

3. 层析系统的运行练习

向贮液瓶中注入适量去离子水，并向层析柱中注入约 2/3 高度的去离子水，设定收集器的收集模式（计滴或者计时）、首管和末管，换上与收集模式对应的收集头。确认模式后，调整收集头位置，保证液滴出口在收集试管的正中间。

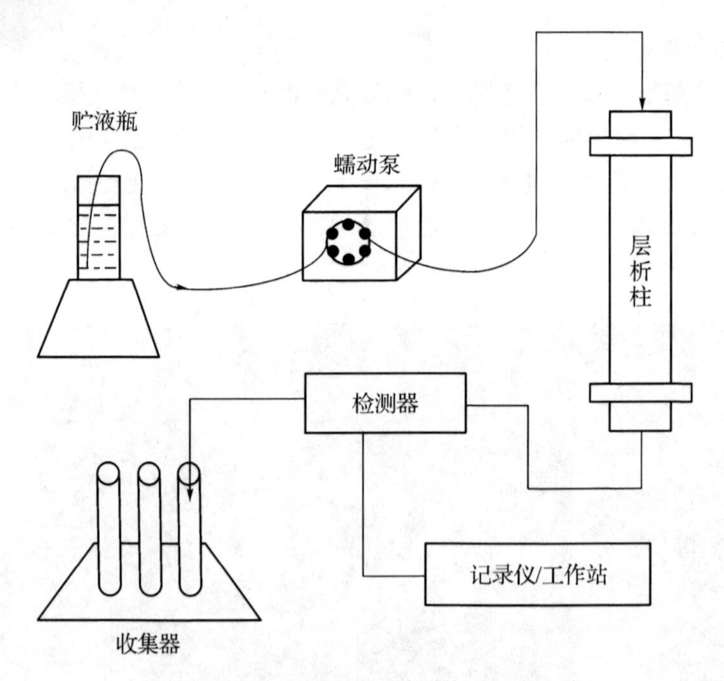

图 2-15　蛋白质自动液相层析装置示意图

打开电脑桌面的工作站软件，选择通道(与前面记录通道数字一致)，录入工作内容信息、方法等后，按检测器“START”开始进行洗脱和收集工作，在软件上选择“数据收集”开始收集数据。根据检测器的检测值，层析柱中液位等现象，分析设备是否安装正确，能否正常运转，记录并分析解决。

实验二　凝胶层析法脱盐

【实验目标】

(1) 掌握凝胶层析技术的原理和应用。

(2) 能熟练进行葡聚糖凝胶预处理、再生和保存。

(3) 能熟练完成凝胶层析的操作过程，包括装柱、上样、洗脱和收集。

(4) 能用合适的方法对层析结果进行检测，并学会分析分离效果。

【实验原理】

凝胶层析技术是根据溶液中物质的分子量不同进行分离的方法之一。凝胶层析介质内部是多孔的网状结构，具有一定的机械强度，一般为化学惰性，不吸附溶质且不与溶质发生反应。当混合溶液加入到凝胶顶端并用流动相洗脱时，大分子无法进入凝胶内部会随着流动相最先流出，小分子进入凝胶内部受到较大阻滞所以后被洗脱。

【实验材料】

样品：硫酸铵蛋白质溶液。

层析介质：葡聚糖凝胶 G-25(Sephadex G-25)。

洗脱剂：去离子水。

主要试剂：葡聚糖凝胶 G－25(Sephadex G－25)；去离子水；氯化钡试剂；氢氧化钠；硫酸铜。

主要设备：玻璃层析柱(一端带筛网)；恒流泵；高速冷冻离心机；0.22 μm 滤膜与滤器；微量移液器(200～1 000 μl)；胶头滴管；具塞刻度试管；秒表。

【操作步骤】

1. 试剂配制和样品准备

(1) 1%氯化钡试剂。

(2) 双缩脲试剂：配制 0.1 g/ml 氢氧化钠溶液，为双缩脲试剂 A；配制 0.01 g/ml 硫酸铜溶液，为双缩脲试剂 B；使用时，先向样品中加入 1 ml 试剂 A，再加入 3 滴试剂 B，观察显色情况。

(3) 硫酸铵蛋白质溶液：取新鲜蛋清 2 ml 于试管中，加入 2 ml 去离子水混合均匀。查表计算该蛋清溶液硫酸铵饱和度达到 50%所需要硫酸铵的量，准确称取硫酸铵，研磨后少量多次加入到蛋清溶液中。静置 5 min 后 8 000 r/min 离心 10 min，弃沉淀取上清液。

查表计算上面得到的上清液硫酸铵饱和度达到 100%所需要硫酸铵的量，准确称取硫酸铵，研磨后少量多次加入到蛋清溶液中。静置 5 min 后 8 000 r/min 离心 10 min，弃上清取沉淀。向沉淀中加入 8 ml 去离子水溶解，上样前用 0.22 μm 滤膜过滤。

2. 凝胶预处理

根据层析柱规格，称取适量 Sephadex G－25 于烧杯中，加入大量去离子水，加热沸水溶胀 2 h。溶胀结束后冷却至室温，进行反复漂洗，倾去表面悬浮的细小颗粒，调整凝胶上层水位控制凝胶体积：水体积约为 1：1，待用。

表 2－13　凝胶量与型号和层析柱大小与规格及凝胶用量

层析柱规格		凝胶的规格和用量(g)	
直径(cm)	高(cm)	容量(ml)	G－25
0.9	15	9.5	2.5
0.9	30	19	5
0.9	60	38	10
1.6	20	40	10
1.6	40	80	20
1.6	70	140	35
1.6	100	200	50
2.6	40	210	50
2.6	70	370	90
2.6	100	530	130
2.6	60	1 000	250

3. 层析柱的准备

取一支层析柱，检查密封性后用去离子水冲洗干净，将柱子垂直固定。准备收集管，按照图2－16简易层析装置进行下面的操作。向柱子中加入一定量的去离子水，排尽底端气泡后维持层析柱内一定高度去离子水水位，关闭下端出口。

4. 装柱

取预处理后的凝胶轻轻搅动成悬浮液，打开出水口，不断向柱内注入凝胶，直到凝胶沉淀至所需高度为止，记录床体积，维持凝胶顶端2～4 cm高度水位。若凝胶柱内有气泡、断层，或装柱过程中出现表面干水或表面歪斜，应重新装柱。

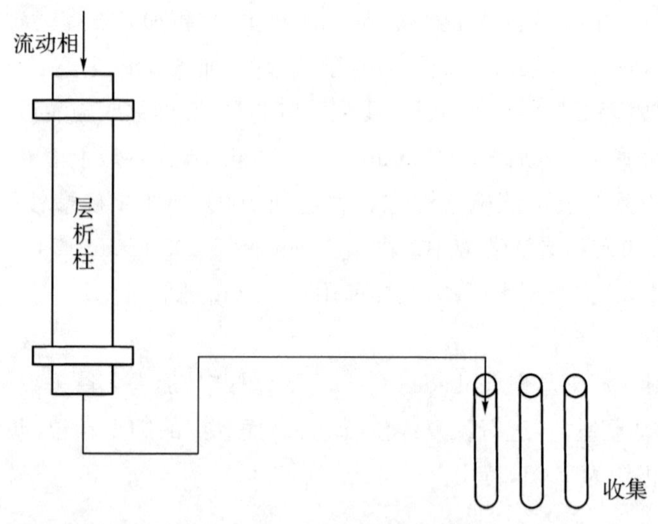

图2－16 简易液相层析装置

5. 平衡

层析柱顶端连接去离子水和恒流泵，底端用大烧杯收集流出液，设定泵流速，用约3倍床体积洗脱剂冲洗进行平衡。

6. 上样

平衡结束后关闭泵，保持出水口排水至胶床顶端与水层弯月面相切时关闭出口，加入0.5 ml蛋白样品，加样过程中防止上层凝胶浮起。打开出口，层析柱底端开始用具塞刻度试管收集流出液，每管2 ml，按照收集顺序编号。当样品液流入凝胶内部，液面与胶床齐平，关闭出口。

7. 洗脱和收集

向胶床顶端加入2～4 cm高度液位的洗脱液，层析柱顶端连接洗脱液和恒流泵，打开泵调节流速为0.5～1滴/秒。用2倍床体积洗脱液进行洗脱，底端继续用具塞刻度试管收集洗脱液，每管2 ml。洗脱结束后关闭出口和泵。

8. 检测和分析

(1) 洗脱液检测：每管洗脱液中分别取少量至两支干净试管中，向一支试管中加入双缩脲试剂，根据是否显色和颜色深浅，判断蛋白质在各管中的浓度。向另一支试管中加入几滴氯化钡试剂，根据是否生成白色沉淀和白色沉淀的多少，判断每管中硫酸根离子的浓度。

(2) 结果分析：以收集洗脱液的管号为横坐标，分别以蛋白质显色颜色深浅和白色沉淀多少为纵坐标(以＋表示多少)，在同一坐标中绘制两条洗脱曲线，根据洗脱曲线判断脱盐效果。

注意：若采用自动液相层析装置，设置检测器波长为 280 nm，按照本章“实验室一”部分进行操作，待检测器显示有蛋白流出时开始收集。收集含有蛋白质的洗脱液，分别取样用氯化钡试剂和双缩脲试剂检测硫酸根离子和蛋白质。

9. 凝胶再生

打开出水口和泵，继续用 2～3 倍床体积洗脱液冲洗(若冲洗效果不佳，可用 100 mmol/L 氢氧化钠冲洗)结束后关闭出口，以备下次使用。若凝胶长时间不用，从柱内回收凝胶后可以采取以下三种方法进行保存：

(1) 湿态保存：在水相中加防腐剂，或将凝胶水洗到中性，高压灭菌封存(或低温存放)。

(2) 半收缩保存：凝胶水洗后滤干，加 70％乙醇使胶收缩，再浸泡于 70％乙醇中保存。

(3) 干燥保存：水洗后滤干，依次用 50％、70％、90％、95％乙醇脱水，再用乙醚洗去乙醇，干燥(或 60～80 ℃烘干)后保存。加乙醇时，切忌直接用浓乙醇处理，以防结块。

实验三　吸附层析分离葛根素

【实验目标】

(1) 掌握吸附层析技术的原理和应用。

(2) 能熟练进行大孔树脂预处理、再生和保存。

(3) 能熟练完成吸附柱层析的操作过程，包括装柱、上样、洗脱和收集。

【实验原理】

葛根素是豆科植物葛根中的主要有效成分，化学名为 8－β－D 葡萄吡喃糖－4,7－二羟基异黄酮。低含量的葛根素干燥品为棕色粉末，高含量的为白色针状结晶粉末，甲醇中可溶，乙醇中略溶，水中微溶，氯仿或乙醚中不溶。葛根素具有扩张血管、降低心肌耗氧改善心肌收缩功能、促进血液循环等作用。

本实验将葛根进行粉碎后，先用醇提法从葛粉中提取得到葛根素粗提液，再用 D101 大孔树脂作为层析介质吸附葛根素。然后用水作为洗涤剂除去杂质，最后用乙醇洗脱得到葛根素产品。

【实验材料】

原料：葛根；提取剂：95％乙醇。

层析介质：D101 型大孔树脂；洗脱剂：70％乙醇。

主要试剂：D101 型大孔树脂；乙醇；盐酸；氢氧化钠；蒸馏水。

主要设备：层析柱(一端带筛网，20 mm×50 cm)；粉碎机；微波炉；回流提取装置。

【操作步骤】

1. 树脂的预处理和装柱(湿法)

称取适量大孔树脂(吸附剂用量一般为粗提物的 7 倍左右)置于大烧杯中，加入 95％乙醇溶液搅拌均匀后浸泡 24 h,使其充分溶胀,装柱前将处理后的树脂轻轻搅动使其成为稀糊状。将清洗、干燥、检查后的柱子竖直固定,向柱内加入一定量 95%乙醇,从上端加入稀糊状的大孔树脂,同时打开下口。装柱过程注意调节下端开口和流速,树脂上层要始终浸泡在溶剂中避免流干,且注意动作缓慢防止树脂内部出现气泡和断层。当柱内树脂高度达到要求后,停止装柱,继续开启下端开口使溶剂缓慢流出,待溶剂弯月面与树脂顶端相切时关闭出口。

用 95%乙醇、以 2 BV/h (BV 为柱体积)的流速冲洗树脂,取流出液与水混合(比例为 1∶5)检测是否出现白色浑浊,当不呈现白色浑浊时停止冲洗。再用蒸馏水冲洗树脂,用小烧杯收集流出液检测是否有乙醇味,至无醇味结束,待用。

2. 提取葛根素

将葛根素粉碎过 40 目筛,取 10 g 葛根粉,加入 10 倍体积 95%乙醇,置于微波炉内,300 W 微波辐射处理 20 min。将混合物转移至提取瓶中,加热回流提取 1 h,趁热过滤,得葛根粗提液,浓缩得粗提浸膏。浓缩操作见“第二部分 第六章 浓缩与干燥技术”中“实验一 真空蒸发浓缩”部分。

3. 加样

将葛根素粗提物用适量水溶解后,过滤除去不溶物。将层析柱顶端的水放出,至水弯月面与树脂顶端相切时关闭出口,将样品加入到树脂顶端,打开出口,让样品流入柱内树脂内部,静置 10～30 min。顶端加入少量蒸馏水,待加入的蒸馏水流入柱内后,静置 10～30 min。重复该操作可以提高吸附率。

4. 洗涤

向顶端加入蒸馏水,以 2 BV/h (BV 为柱体积)的流速、用蒸馏水洗涤柱内树脂,洗去样品中糖类、蛋白质、鞣质等水溶性杂质。流出液用小烧杯收集,观察是否浑浊,待流出液清透停止洗涤。

5. 洗脱

将层析柱顶端的水放出,至水的弯月面与树脂顶端相切时关闭出口,向树脂顶端加入 70%乙醇,进行洗脱(70%乙醇用量约为粗提物的 12 倍),流速为 2 BV/h,收集洗脱液,即得到含有葛根素的洗脱液。

6. 树脂再生和保存

用 95%乙醇继续清洗,至流出液完全无色后用蒸馏水冲洗至流出液无醇味。将树脂从柱内倒出,用 2%盐酸浸泡 2～4 h,水洗至中性后,再用 2%氢氧化钠浸泡 2～4 h,水洗至中性。再生处理后的树脂可重复使用,若短时间保存可以用 10%氯化钠溶液浸泡,防止细菌繁殖。

【技能拓展:葛根素回收和精制】

【实验材料】

葛根素洗脱液(含乙醇)。

主要试剂:正丁醇;无水乙醇;冰醋酸。

主要设备:旋转蒸发仪;真空干燥机。

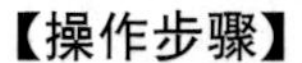

【操作步骤】

1. 回收溶剂

浓缩回收乙醇至无醇味。浓缩操作见“第二部分 第六章 浓缩与干燥技术”中“实验一 真空蒸发浓缩”部分。

2. 萃取

向浓缩液中加入正丁醇，混合均匀后静置分层，收集正丁醇萃取液（上相）。向萃余液中再加入正丁醇，反复萃取4次，合并4次的正丁醇萃取液，回收正丁醇至得到干燥样品。

3. 结晶

向得到的干燥样品中加入少量无水乙醇溶解，然后加入等量冰醋酸，放置析晶，过滤得葛根素精品，60 ℃真空干燥。

【技能拓展：葛根素的含量测定】

【实验材料】

葛根素对照品。

主要试剂：95%乙醇。

主要设备：紫外分光光度计。

【操作步骤】

1. 葛根素标准溶液配制（200 μg/ml）

准确称取葛根素对照品5 mg置于25 ml容量瓶中，加入95%乙醇溶解后用蒸馏水定容。冷藏保存，待用。

2. 制作标准曲线

按照下表，分别取不同量的葛根素标准溶液置于10 ml容量瓶中，加入乙醇1.0 ml，用蒸馏水稀释定容，摇匀，得到不同浓度的葛根素溶液。以空白管做对照，测定各管在250 nm处的吸光度，记录入表中。以葛根素浓度为横坐标，吸光度值为纵坐标，制作标准曲线。

表2-14　葛根素标准曲线制作

管号	1（空白）	2	3	4	5	6
葛根素标准溶液（ml）	0	0.2	0.4	0.6	0.8	1.0
95%乙醇（ml）	1.0	1.0	1.0	1.0	1.0	1.0
蒸馏水定容至10 ml						
葛根素浓度（μg/ml）	0	4	8	12	16	20
OD250						

3. 样品测定

取葛根素提取物或者葛根素结晶，溶解、稀释后按照标准曲线制作方法，以空白管做对照，测定样品管在250 nm处的吸光度。将吸光度值与标准曲线比对，考虑浓度或稀释倍数，计算样品中葛根素的含量或浓度。

实验四　离子交换法提取溶菌酶

【实验目标】

(1) 掌握离心交换分离技术的原理和应用。

(2) 能熟练完成离子交换法从蛋清中提取溶菌酶的操作过程。

(3) 了解溶菌酶的作用原理和应用。

【实验原理】

溶菌酶全称为1,4-N-溶菌酶,是专门作用于微生物细胞壁裂解肽聚糖的水解酶。溶菌酶能够切断肽聚糖中N-乙酰葡萄糖胺和N-乙酰胞壁酸之间的β-1,4-糖苷键,破坏肽聚糖的支架结构,造成细菌裂解,在生物、食品、制药等行业都有广泛应用。

溶菌酶在人和动物的多种组织、分泌液和微生物中都有,目前商业化生产主要是鸡蛋蛋清溶菌酶。溶菌酶在鸡蛋清中的含量约为0.3%,是提取溶菌酶最好的原料。鸡蛋壳中也含有溶菌酶,也可以作为提取溶菌酶的原料,但产量较蛋清低。鸡蛋清中提取的溶菌酶分子量约为14 000Da,等电点为11.1,是一种碱性蛋白,易溶于水,遇碱易破坏,不溶于乙醇和丙酮。

【实验材料】

新鲜市售鸡蛋;精密pH试纸;纱布。

层析介质:724树脂。

洗涤液:Na_2HPO_4-NaH_2PO_4缓冲液(pH6.5、0.15 mol/L)。

洗脱液:10%硫酸铵溶液。

主要试剂:浓盐酸;氢氧化钠;磷酸氢二钠;磷酸二氢钠。

主要设备:恒温水浴锅;干燥器;抽滤设备;磁力搅拌装置。

【操作步骤】

1. 试剂配制

(1) 配制7 mol/L盐酸。

(2) 配制2 mol/L氢氧化钠。

(3) Na_2HPO_4-NaH_2PO_4缓冲液(pH6.5、0.15 mol/L):分别配制0.15 mol/L的磷酸氢二钠溶液和磷酸二氢钠溶液,混合和调节pH至6.5。

2. 724树脂预处理

(1) 浸泡清洗:将新购724树脂浸泡于大体积蒸馏水中,浮选法除去细小颗粒,反复漂洗干净,倾倒去水。用80%~90%乙醇浸泡2 h,除去树脂中的醇溶性杂质,然后倾倒去乙醇。加入40 ℃保温的蒸馏水浸泡,并于40 ℃恒温2 h,然后用蒸馏水多次漂洗,除去水溶性杂质和乙醇。

(2) 转型:用树脂4倍体积的7 mol/L盐酸溶液浸泡2 h,然后倾倒去盐酸,用蒸馏水漂洗至中性,倾倒去水。再用4倍体积的2 mol/L氢氧化钠溶液浸泡2 h,然后倾倒去碱液,用蒸馏水漂洗至中性,倾倒去水。

(3) 浸泡平衡:用树脂4倍体积Na_2HPO_4-NaH_2PO_4缓冲液(pH6.5、0.15 mol/L)浸泡

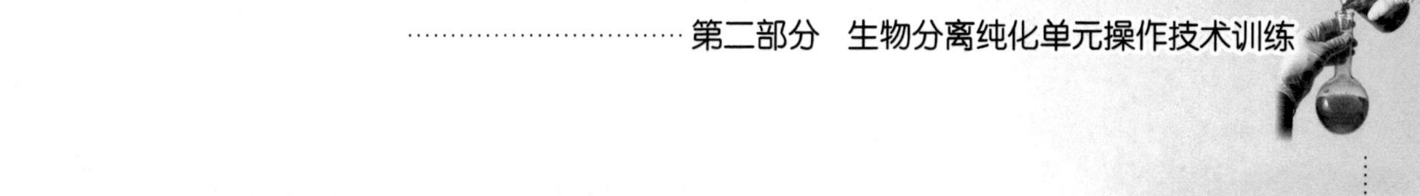

24 h，平衡树脂，浸泡待用。使用前倾倒法除去缓冲液。

3. 鸡蛋清预处理

(1) 将鸡蛋顶端敲一个小洞，让蛋清全部流出，测定蛋清的 pH。注意蛋清 pH 不得低于 8，否则应重新选择鸡蛋取蛋清。

(2) 用玻璃棒将蛋清轻轻搅动，使蛋清液黏稠均匀。搅拌过程中注意不能起泡，搅拌不宜过快，防止蛋白变性影响溶菌酶的提取率。

(3) 用双层纱布过滤除去蛋清液中的脐带块或蛋壳等杂质。

4. 吸附

将处理过的蛋清液转移至烧杯中，冷至 5 ℃，然后边搅拌边加入处理好的 724 离子交换树脂(按照蛋清∶树脂＝10∶1 的质量比)，使树脂全部悬浮在蛋清液中，置于 0～5 ℃搅拌吸附 5 h，然后将树脂和蛋清液的混合物置于冰箱 0～5 ℃继续过夜吸附。

5. 固液分离

取出充分吸附的树脂和蛋清液混合物，应观察到分层，过滤除去上层清液，收集下层固体树脂。

6. 洗涤除杂

用蒸馏水反复洗涤树脂，至树脂无白沫且洗涤液澄清为止。向树脂中加入蒸馏水，略微搅拌后过滤，将树脂转移至另一烧杯中。向树脂中加入 Na_2HPO_4－NaH_2PO_4 缓冲液(pH6.5、0.15 mol/L)，搅拌洗涤 15 min，过滤除去液体收集树脂。按同样方法再处理两次，注意洗涤过程中防止树脂流失。

7. 洗脱

将树脂抽滤除去水分，加入 30 ml 10％硫酸铵溶液洗脱溶菌酶，搅拌洗脱 30 min，过滤得到洗脱液。同样洗脱处理 3 次，将 3 次得到的洗脱液合并，即为含溶菌酶的洗脱液。

8. 盐析

测定洗脱液的总体积，按照总体积的 32％(每 100 ml 洗脱液中加入硫酸铵固体 32 g)加入固体硫酸铵固体，使硫酸铵含量达到 40％，搅拌均匀后置于 4～10 ℃过夜，应有白色沉淀生成，4 ℃、10 000 r/min 离心 20 min，弃上清，沉淀干燥后即得到含有硫酸铵的溶菌酶粗品。

【技能拓展:溶菌酶盐析纯化】

【实验材料】

溶菌酶粗品；精密 pH 试纸；透析袋。

主要试剂：1 mol/L NaOH；2 mol/L HCl；透析所需试剂；NaCl；丙酮。

主要设备：离心机；干燥器。

【操作步骤】

1. 透析

将溶菌酶粗品用 50 ml 蒸馏水溶解，然后转入透析袋中，在 0～5 ℃以水或磷酸盐缓冲液透析过夜，除去粗品中的硫酸铵。

2. 盐析

向透析后的溶菌酶溶液中缓慢加入 1 mol/L 的氢氧化钠溶液，边加边搅拌，调节 pH 至 8.5～9.0，离心除去沉淀。向上清液中缓慢加入 2 mol/L 的盐酸溶液，边加边搅拌，调节 pH 至 3.5，缓慢加入固体氯化钠至氯化钠含量为 5%(w/v)，搅拌均匀，应有白色沉淀析出。在 0～5 ℃放置 8 h，低温离心或过滤得溶菌酶盐析物。

3. 丙酮干燥

向得到的溶菌酶盐析物沉淀中加入丙酮，不断搅拌，放置 2 h，取沉淀物干燥即得溶菌酶产品。

【技能拓展：溶菌酶活性测定】

【实验材料】

微球菌；溶菌酶产品。

主要试剂：磷酸盐缓冲液(0.1 mol/L、pH6.2)；LB 固体培养基所需试剂。

主要设备：高压蒸汽灭菌锅；超净工作台；恒温培养箱；恒温水浴锅；紫外-可见分光光度计。

【操作步骤】

1. 试剂配制

(1) 磷酸盐缓冲液(0.1 mol/L、pH6.2)：称取磷酸二氢钠 10.4 g、磷酸氢二钠 7.86 g 及乙二胺四乙酸二钠 0.37 g，加热溶解定容到 1 000 ml，调节 pH 至 6.2。

(2) LB 固体培养基：配制固体 LB 培养基，包扎培养基和平皿后高压蒸汽灭菌，超净工作台倒制平板，无菌检查合格后待用。

2. 酶液(50 μg/ml)配制

取溶菌酶产品约 25 mg，置于 25 ml 容量瓶中，加磷酸盐缓冲液(0.1 mol/L、pH6.2)溶解后定容，再进行稀释得到每毫升含溶菌酶 50 μg 的酶液。

3. 菌悬液制备

将微球菌接种于 LB 固体培养基上，于 35 ℃培养 48 h。用磷酸盐缓冲液(0.1 mol/L、pH6.2)将菌体冲洗下来，离心，弃上清液得菌体，用磷酸盐缓冲液(0.1 mol/L、pH6.2)洗涤菌体 3 次。将洗涤后的微球菌悬浮于少量磷酸盐缓冲液(0.1 mol/L、pH6.2)中，加磷酸盐缓冲液(0.1 mol/L、pH6.2)在研钵内研磨 3 min，再加入该缓冲液适量。以磷酸盐缓冲液(0.1 mol/L、pH6.2)为对照，控制该菌悬液在 450 nm 处的吸光度为 0.70±0.05。

4. 酶活测定

(1) 将酶液和菌悬液分别在 25±0.1 ℃恒温 10 min，然后精密量取菌悬液 3 ml，置于 10 mm比色皿中，以磷酸盐缓冲液(0.1 mol/L、pH6.2)为对照测定其在 450 nm 处吸光度，记为 A_0。然后精密量取保温的酶液 0.15 ml(相当于溶菌酶 7.5 μg)，加到上述比色皿中迅速混匀，以此为起点，至 60 s 时再测定吸光度 A。

(2) 将磷酸盐缓冲液(0.1 mol/L、pH6.2)和菌悬液分别在 25±0.1 ℃恒温 10 min，然后精密量取菌悬液 3 ml，置于 10 mm 比色皿中，以磷酸盐缓冲液(0.1 mol/L、pH6.2)为对照测定其

在 450 nm 处吸光度，记为 A'_0。然后精密量取保温的磷酸盐缓冲液（0.1 mol/L、pH6.2）0.15 ml，加到上述比色皿中迅速混匀，以此为起点，至 60 s 时再测定吸光度 A'。

(3) 酶活计算：溶菌酶酶活定义为在 25 ℃、pH 为 6.2 时，波长 450 nm 处，每分钟引起吸收度下降 0.001 为一个酶活力单位。

$$溶菌酶效价(U/mg)=\frac{(A-A_0)-(A'-A'_0)}{w}\times 10^6$$

其中：w 为加入比色皿中溶菌酶的质量，单位为 μg。

第六章　浓缩与干燥技术

实验一　真空蒸发浓缩

【实验目标】

(1) 掌握真空旋转蒸发仪浓缩料液的原理和应用。

(2) 能熟练进行真空旋转蒸发仪的操作。

(3) 了解真空旋转蒸发仪的结构和组成。

【实验原理】

旋转蒸发仪是在真空条件下对物料进行加热,并通过蒸发瓶的旋转来增大蒸发面积来进行浓缩的设备。该设备在低压条件下对料液进行加热,使物料中水的沸点降低而较易达到,所以需要的温度较低,适用于浓缩热稳定性较差的目标产物。

【实验材料】

待浓缩溶液(蛋白溶液或植物提取液)。

主要试剂:蒸馏水;真空脂。

主要设备:真空旋转蒸发仪;真空泵。

【操作步骤】

1. 设备连接和准备

(1) 设备检查安装:用冷凝水胶管将冷凝水进口与自来水龙头相连接,出水口接下水设备。用真空胶管将设备与真空泵相连接,注意检查结合紧密程度保证不会漏气和脱落。

(2) 在水浴锅内加入蒸馏水。

(3) 检查确保蒸发瓶无裂缝、破裂和损坏现象,洗净后干燥。然后将需要浓缩的料液加入到蒸发瓶中,拧紧蒸发瓶,料液体积不宜超过蒸发瓶容积的50%。

(4) 打开升降开关,调整蒸发瓶的角度和高度,使其部分浸没在水浴锅中。

注:若有磨口设备和仪器,安装前应涂抹一层真空脂。

2. 蒸发浓缩

(1) 接通冷凝水开关,让冷凝水以合适流速流动。

(2) 打开真空泵开关,使其达到合适的真空度。

(3) 将蒸发瓶转速调到最低,打开旋转开关,逐渐加大到所需的转速(50～160 r/min),让蒸发瓶以合适转速开始运转。

(4) 设定加热温度为 40 ℃,打开温控开关,让水浴锅自动进行温控加热。浓缩过程中,注意观察温度、真空度和转速、料液和水浴锅的体积变化。

3. 结束蒸发浓缩

待料液浓缩到所需体积时,蒸发浓缩完毕。先关闭转速开关使蒸发瓶停止旋转,再关闭调温开关。然后,关闭真空泵,打开冷凝器上方放空阀,使料液与大气想通,取下蒸发瓶,收集浓缩液。

放出冷凝水,倒出水浴锅中剩余的水,蒸发瓶清洗,干燥后盖防尘罩。

实验二 牛奶冷冻干燥

【实验目标】

(1) 掌握冷冻干燥的原理和应用。

(2) 能熟练操作台式冷冻干燥机和真空泵。

(3) 学习台式冷冻干燥机和真空泵的维护。

【实验原理】

冷冻干燥是将含水物料在较低温度下冻结成固态,然后在真空条件下,将物料中的水分由固相直接升华变成气态的干燥过程。冷冻干燥一般包括两个过程,预冻过程和升华干燥过程。预冻阶段的主要任务是将待干燥物料进行冻结,升华干燥阶段是通过抽真空和适当加热使冰升华的过程。

冷冻干燥技术特别适合于稳定性较差、分子量较大、结构较复杂的生物大分子产物,比如疫苗、血液制品等的干燥。冷冻干燥技术得到的产品,能够最大限度地保留目标产物的活性,且产品具有较好的速溶性和复水性。

【实验材料】

盒装液体牛奶。

主要试剂:真空泵油;真空脂。

主要设备:台式冷冻干燥机;低温冰箱;真空泵。

【操作步骤】

1. 设备安装

设备由主机和真空泵组成,如图 2-17 所示。主机包括冷阱、物料架、有机玻璃罩、保温盖、密封圈。真空泵和主机之间由抽真空耐压管连接,两端采用标准快速卡箍,卡箍里装有一橡胶密封圈,连接前在密封圈上涂适量真空脂,再将两端卡箍卡紧。主机后板上方安装有“总电源”插座,将电源线一端插入,另一端与有电电源相连。在“总电源”一侧装有真空泵电源插座,将真空泵电源线插上即可。

2. 真空泵的准备

检查密封圈是否清洁,若不清洁应进行清洁,并涂上一层真空脂;检查真空泵,确认已加注真空泵油,切勿无油运转,油面不得低于油镜中线,油面约在油镜 2/3 处(真空泵连续工作应每 200 小时后换油一次)。去除真空泵排气孔上遮盖物,保持排气孔畅通,如图 2-18 所示。

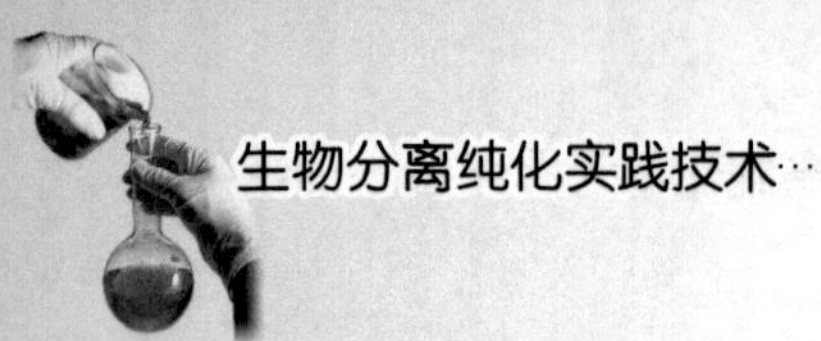

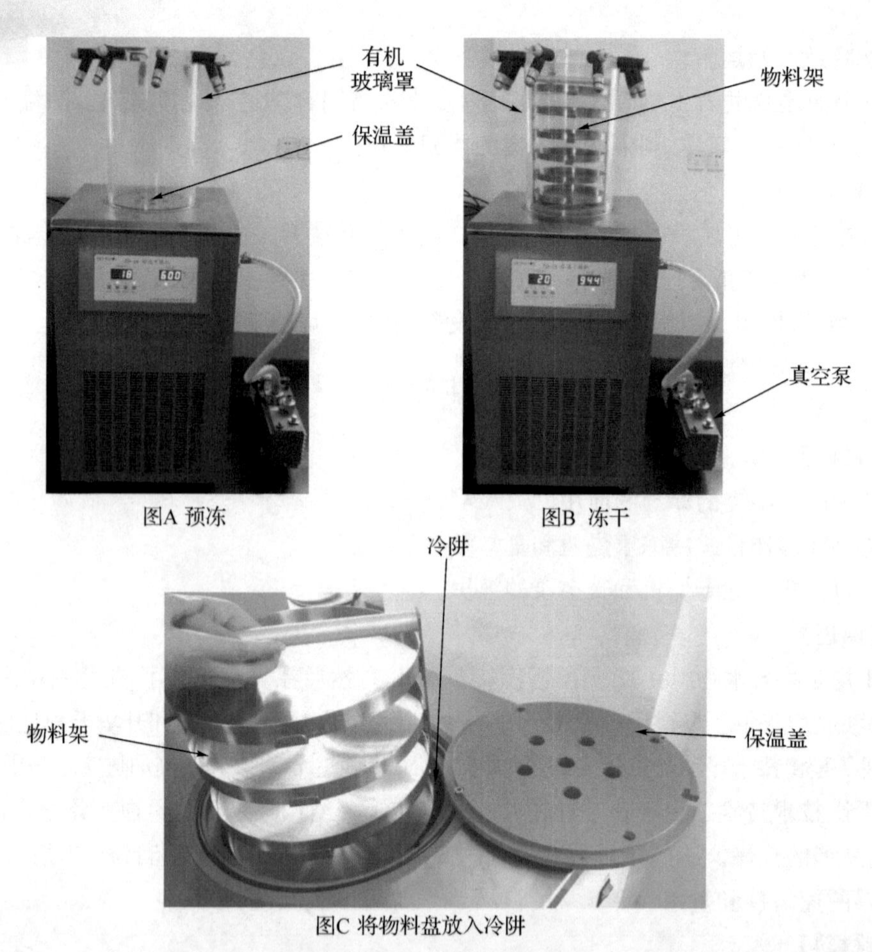

图A 预冻　　图B 冻干

图C 将物料盘放入冷阱

图 2－17　冷冻干燥机

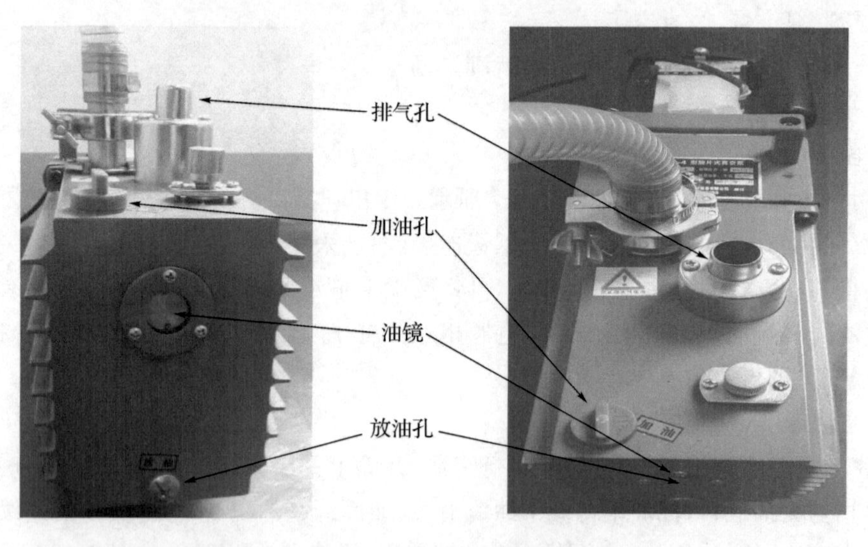

图 2－18　真空泵

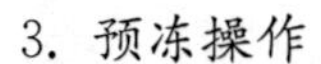

3. 预冻操作

将牛奶倒入表面积较大的容器中在低温(－20 ℃以下)冰箱过夜冷冻，取出容器后去盖或倾斜盖让内外空气连通，将容器放于物料盘中，再将物料盘放于预冻架上，将预冻架放入冷阱中，盖上保温盖和有机玻璃罩，如图 2－17A 所示。

打开冷冻干燥机总电源，打开制冷装置，观察冷阱温度显示窗数字开始下降即开始预冻。预冻时间为 4～6 h，期间记录温度和压力。

4. 冻干操作

将预冻好的物料盘从冷阱中取出，罩上保温盖，并将预冻架放置于保温盖上方，如图 2－17C 所示。然后，罩上有机玻璃罩，保证罩下端与密封圈完全接触，如图 2－17B 所示。

注意：操作前应戴防护手套防止冻伤，操作要迅速。

打开真空阀和真空计，显示真空度为 110×10^{3} Pa。启动真空泵，开始进行物料冻干。真空泵运转工作后观察真空度显示窗数值开始下降，真空泵运转一段时间后真空度下降到 15 Pa 以下为正常。冻干期间记录温度和压力。

冻干进行 24 h 后，观察牛奶是否已经干燥，干燥后依次关闭真空阀、真空泵、真空计，取下有机玻璃罩，拿出物料。产品拿出后应及时进行检查、称重、包装，防止吸水和微生物污染。观察冻干产品的性状并记录，可以检查复水性。

5. 关机和维护

若干燥机有自动除霜装置，应开启除霜装置，待冷阱中凝霜溶化后再关闭电源。若干燥机没有自动除霜装置，拿出物料后可关闭电源，待凝霜缓慢溶化。

待冷阱中凝霜溶化后，擦干冷阱内冷凝水，清洁物料架和有机玻璃罩，擦净密封圈上的真空脂。有机玻璃罩和密封圈接触处应注意保护，防止碰、划和损伤等。

真空泵长时间不工作应放出所有真空泵油(放油孔如图 2－18 所示)，长时间不用应盖上排气孔防止灰尘进入。

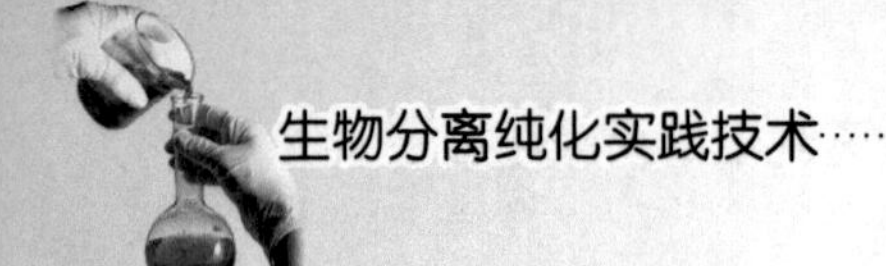

第三部分　生物分离纯化综合实训

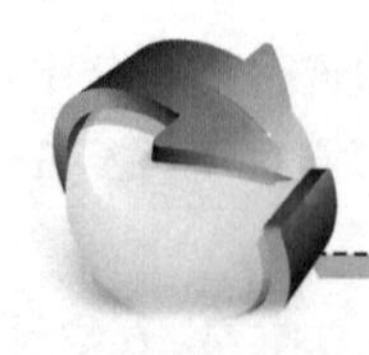

第一章　蛋白质分离纯化实训

【知识准备】

蛋白质是细胞和生物体的重要组成，在生物体内代谢反应、转运和基因表达等重要的生命活动中都有非常重要的作用，所以它是医药产品中的重要组成部分。蛋白质类药物主要包括多肽和基因工程药物、单克隆抗体和基因工程抗体、重组疫苗等，来源主要有三个方面：生物中提取、化学合成或半合成、利用现代生物技术制备。

近年来，包括基因工程、细胞工程、酶工程、发酵工程、蛋白质工程等在内的生物制药技术促进了蛋白质类大分子药物的发展。1982 年，美国礼来公司首先将重组胰岛素优泌林投放市场，标志着第一个重组蛋白质药物的诞生。重组蛋白质类药物由于纯度高、安全性强、易工业化生产的特点而在各种重大疾病中应用广泛，有“生物导弹”之称的单克隆抗体药物有巨大发展前景，全球疫苗行业也将是制药业新的增长点。所以，蛋白质的提取分离技术是生物制药技术的重要组成部分。

在分离纯化蛋白质之前，要了解目标蛋白的分子量、等电点、溶解性及稳定性等基本性能，然后才能制定合理的分离纯化流程。理想的蛋白质分离纯化流程应该能得到高纯度的产品和较高的回收率，但实际生产中可能不能两者兼顾，所以还要结合目标蛋白的用途、价值和质量要求进行选择。

一、蛋白质的提取

蛋白质分离纯化的第一步就是选择合适的溶剂从原料中提取目的蛋白，提取过程中要保持目标蛋白的天然状态，尽量保证活性不损失。

1. 水溶液提取法

大部分蛋白质易溶于水、稀盐、稀酸或碱溶液。蛋白质在稀盐和缓冲系统的水溶液中稳定性好、溶解度大，所以它们是提取蛋白质最常用的溶剂。除此之外，还可以根据目标蛋白的性质选择稀酸或稀碱溶液作为提取剂。

使用水溶液提取目标蛋白时，首先要选择合适的 pH。蛋白质和酶是具有等电点的两性电解质，提取液的 pH 应选择在偏离等电点的 pH 范围内。用稀酸或稀碱提取时，应防止过酸或过碱使蛋白质可解离基团发生变化，从而导致蛋白质结构的不可逆变化。一般来说，碱性蛋白质用偏酸性的提取液提取，而酸性蛋白质用偏碱性的提取液提取。其次，要选择合适的盐浓度。低浓度的盐可促进蛋白质的溶解，称为盐溶作用。同时，在稀盐溶液中盐离子与蛋白质部分结合，能够保护蛋白质使其不易变性。因此，常在提取剂中加入 0.15 mol/L 的 NaCl 等中性盐，或采用 0.02～0.05 mol/L 磷酸盐、醋酸盐等缓冲液。

提取温度的选择，要视有效成分的性质而定。一方面，多数蛋白质的溶解度随着温度的升高而增大，所以升高温度可以缩短提取时间。另一方面，温度升高可能会使蛋白质变性失活。因此，提取蛋白质和酶时一般采用低温(0～4 ℃)操作。提取时可以进行均匀搅拌，适当搅拌可以促进蛋白质的溶解。为了避免蛋白质在提取过程中降解，可加入蛋白水解酶抑制剂(如二异丙基氟磷酸，碘乙酸等)。

2. 有机溶剂提取法

一些和脂质结合比较牢固或分子中非极性侧链较多的蛋白质和酶，不溶于水溶液，可用乙醇、丙酮和丁醇等有机溶剂提取。它们有较强的亲脂性并具有一定的亲水性，是较理想的脂蛋白提取剂。需要注意的是，用有机溶剂提取目标蛋白应在低温下操作，防止蛋白失活。

二、蛋白质的纯化

1. 根据溶解度不同进行纯化

常采用的分离方法有：盐析法、等电点沉淀法、结晶法和有机溶剂沉淀法。比如，可以利用蛋白质等电点不同和等电点时溶解度最小的特性来分离蛋白质。

2. 根据分子形状和大小的差别进行纯化

常采用的分离方法有：电泳法、凝胶层析法、离心法和透析法。

3. 根据功能专一性的不同进行纯化

比如，利用亲和层析来纯化蛋白质。

4. 根据物理、化学等作用因素的影响不同进行纯化

pH、温度、酸碱、金属离子、蛋白沉淀剂等因素对不同蛋白质的影响不同，可以利用作用差异来对蛋白质进行纯化。比如，热稳定性蛋白可以在较高温度下保温，去除其他热敏性杂蛋白达到初步纯化的目的。

三、蛋白质的贮存

蛋白质等生物大分子的稳定性与保存方法有很大关系。干燥的样品比较稳定，在低温下其活性可在数日甚至数年无明显变化。干燥样品的贮藏要求简单，只要将其置于干燥器内(内装

有干燥剂)密封,保存在0～4 ℃冰箱即可。

与干燥样品相比,液体样品容易发生变化。所以,如果需要贮存液体样品,要防止蛋白质结构和活性发生改变。液态贮藏时应注意以下几点:

1. 样品浓度

样品不能太稀,必须浓缩到一定浓度才能进行贮藏,样品太稀易使生物大分子变性。

2. 防腐剂和稳定剂的使用

液体样品一般需加入防腐剂和稳定剂才能进行贮存。常用的防腐剂有甲苯、苯甲酸、氯仿、百里酚等。蛋白质和酶常用的稳定剂有硫酸铵、蔗糖、甘油等,酶液中也可加入底物和辅酶以提高其稳定性。此外,钙、锌、硼酸等溶液对某些蛋白和酶也有一定保护作用。

3. 贮存温度

大多数样品在0～4 ℃冰箱可短期保存,有的则要求更低,应视不同物质而定。

四、蛋白质的浓缩和干燥

提取分离过程中部分步骤会使样品稀释,为了便于保存和鉴定,常常需要对蛋白质样品进行浓缩。常用的浓缩方法有:吸收法、减压干燥和超滤法。

蛋白质等生物大分子在溶液中易变质不易于保存,常需要干燥处理,最常用的方法是冷冻干燥和真空干燥。冷冻干燥法制得的产品具有疏松、溶解度好、能保持天然结构等优点,适用于各类生物大分子包括蛋白质的干燥。

实训项目一　超氧化物歧化酶的分离纯化与测活

【项目背景】

超氧化物歧化酶(Superoxide Dismutase,EC1.15.1.1,SOD)是生物体内重要的抗氧化酶,广泛存在于动物、植物和微生物中。在生物体内,它是一种重要的自由基清除剂,能消除超氧化物阴离子自由基(O_2^-)。SOD催化自由基O_2^-发生歧化作用生成O_2和H_2O_2,H_2O_2又能被体内其他抗氧化酶清除,所以SOD是体内防止自由基损伤的第一道防线。作为清除O_2^-最有效的抗氧化酶之一,SOD可以延缓由于自由基造成的机体衰老现象,注射SOD可以治疗骨关节炎和类风湿关节炎,使用SOD漱口可以治疗牙周炎、口腔溃疡和牙龈炎。据报道,SOD还可用于治疗和预防癌症、治疗眼科疾病、防治心脑血管疾病和自身免疫疾病治疗等。

SOD按其所含金属离子不同,分为铜锌超氧化物歧化酶(Cu· Zn-SOD)、锰超氧化物歧化酶(Mn-SOD)和铁超氧化物歧化酶(Fe-SOD)三种。铜锌超氧化物歧化酶是最常见的一种,动物SOD呈蓝绿色,植物SOD呈白色,主要存在于真核细胞的细胞浆内。锰超氧化物歧化酶呈粉红色,主要存在于原核细胞体、真核细胞的细胞浆和线粒体内。铁超氧化物歧化酶呈黄褐色,主要存在于原核细胞中。

Cu · Zn-SOD结构

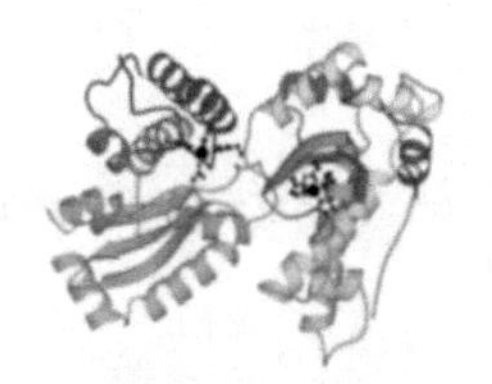

Fe-SOD结构

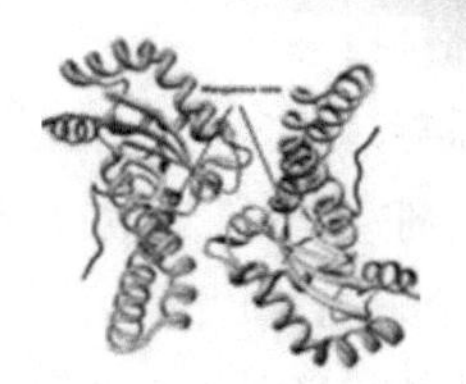

Mn-SOD结构

图 3-1 SOD 的结构

【实训原理】

在大蒜蒜瓣和悬浮培养的大蒜细胞中含有较丰富的Cu· Zn-SOD,分子量约为32 000,pI为6.8,易溶于水,不溶于丙酮。SOD是一种热稳定性很好的酶,当温度低于80 ℃时,短时间的热处理酶活力不会有明显的变化,而一般杂蛋白在高于55 ℃时就易变性沉淀,可以利用该性质纯化SOD。

将大蒜蒜瓣进行组织破碎后,用pH为8.2的缓冲液提取,得到粗酶液。粗酶液用低浓度的氯仿-乙醇处理沉淀杂蛋白,离心后弃沉淀取上清,接着用丙酮将SOD沉淀析出。采用丙酮沉淀蛋白质时,要求在低温下操作,且要尽量缩短处理时间,避免蛋白质变性。最后利用SOD的热稳定性去除杂蛋白,离心后得到含有SOD的上清液。

最常用的SOD酶活测定方法为邻苯三酚自氧化法。邻苯三酚在碱性条件下,能迅速自氧化,释放出O^{2-},生成带色的中间产物。反应开始后,反应液先变成黄棕色,几分钟后转绿,几小时后又转变成黄色,这是因为生成的中间物不断氧化的结果。测定SOD的活性利用的是邻苯三酚自氧化过程中的初始阶段,中间物的累积在滞留30～45 s后,与时间呈线性关系,一般线性时间维持在4 min的范围内,且中间物在320 nm波长处有强烈光吸收。当有SOD存在时,由于它能催化O^{2-}与H结合生成O^{2-}和H_2O_2,从而阻止了中间物的累积,因此通过下面的测定方法可以计算SOD的酶活性。

反应①:邻苯三酚在碱性条件下自氧化,一定时间内的OD320为A_1;

反应②:邻苯三酚在碱性条件和SOD存在的条件下自氧化,一定时间内的OD320为A_2。

因为SOD的作用,$A_1>A_2$,可以根据A_1-A_2推算酶活大小,该值越大,酶活越大。由于邻苯三酚自氧化速率受pH、浓度和温度的影响,其中pH影响较大,所以测定时要求对pH严格控制。

任务一 试剂配制和其他准备

【实训目标】

(1) 能熟练配制SOD提取分离和酶活测定所需的缓冲液和其他试剂,并能根据试剂的用途和性质,选择合适的保存方法。

(2) 合理安排时间,确保使用时试剂在有效期内。

(3) 能熟练使用酸度计,并正确维护。

【实训材料】

大蒜蒜瓣；碎冰。

主要试剂：磷酸氢二钠；磷酸二氢钠；标准缓冲液（pH 为 6.86 和 9.18）；氯仿；乙醇；丙酮；浓盐酸；邻苯三酚；氯化钾；蒸馏水。

主要设备：pH 计。

【操作步骤】

1. 配制磷酸盐缓冲液（0.05 mol/L，pH 为 8.2）

（1）标准缓冲液的配制：根据需要，配制 pH 为 6.86 和 9.18 的标准缓冲液。

（2）pH 计标定：按照要求安装 pH 计，并检查电极。若电极未被保护液浸泡则应该先将电极在电极保护液（3 mol/L KCl）中浸泡数小时。然后按照使用说明书进行温度校正，再利用标准缓冲液进行定位（pH6.86）和斜率校正（pH9.18）。

（3）缓冲液的配制：先分别配制 0.05 mol/L 的 NaH_2PO_4 溶液和 Na_2HPO_4 溶液，然后查表确定用量后，用一种溶液调节一种溶液，并用 pH 计测定混合溶液的 pH 至 8.2。

（4）电极维护：用蒸馏水清洗电极，擦干后将电极浸泡在电极保护液中。

2. 氯仿-乙醇混合溶剂：按照氯仿∶无水乙醇＝3∶5(v/v)配制

3. 将丙酮在冰箱冷藏室预冷至 4 ℃

4. 10 mmol/L HCl：量取 0.87 ml 36％的盐酸，加水混合至 1 L 就可得到 10 mmol/L 的盐酸

5. 50 mmol/L 邻苯三酚溶液：用 10 mmol/L HCl 将邻苯三酚配制成 50 mmol/L 的溶液

6. 准备碎冰和蒜瓣

注意：详细记录配制过程；对于具有毒性的试剂，注意个人防护；根据任务二和任务三确定用量，避免浪费。

任务二　大蒜 SOD 的提取分离

【实训目标】

（1）能按要求进行大蒜细胞的破碎、SOD 的提取和固液分离、有机溶剂沉淀蛋白质、热处理操作。

（2）能正确操作冷冻离心机和组织捣碎机，并正确维护。

（3）能及时、真实并且正确地进行记录。

【实训材料】

大蒜蒜瓣。

主要试剂：任务一配制的试剂。

主要设备：组织捣碎机；高速冷冻离心机；水浴锅。

【操作步骤】

1. 组织和细胞破碎

称取 10 g 大蒜蒜瓣，切碎后用组织捣碎机处理。捣碎机使用结束后按照说明书清洗和

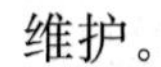

维护。

2. SOD 提取

(1) 加入 2～3 倍体积约 20 ml(40 ml)0.05 mol/L,pH 为 8.2 的磷酸盐缓冲液,继续研磨 20 min。

(2) 4 ℃下,8 000 r/min 离心 15 min。弃沉淀,得粗酶液,编号 E_0。

(3) 准确测量粗提取液体积,并准确量取 1 ml 留样于 1.5 ml EP 管中,0～4 ℃冰箱保存。

3. 除杂蛋白

(1) 在剩余粗酶液中加入 0.25 倍体积的氯仿-乙醇混合溶剂搅拌 15 min。

(2) 4 ℃下,8 000 r/min 离心 15 min,弃沉淀,得上清液,准确测量体积。

4. 丙酮沉淀

(1) 上清液中加入等体积的冷丙酮(预冷到 4 ℃),充分混匀后在冰浴中放置 15 min。

(2) 4 ℃下,8 000 r/min 离心 15 min,弃上清液,得沉淀。

(3) 将沉淀溶解于 2 ml 0.05 mol/L,pH 为 8.2 的磷酸盐缓冲液中。

5. 热处理

(1) 得到的酶液置于 55～60 ℃水浴中热处理 15 min。

(2) 4 ℃下,10 000 r/min 离心 15 min,弃沉淀,得 SOD 酶液,编号 E。

(3) 准确测量酶液体积,并准确量取 1 ml 留样于 EP 管中,0～4 ℃冰箱保存。

表 3-1 提取纯化记录

样品	粗酶液	酶液
编号	E_0	E
体积	V_0=______ ml	V=______ ml

任务三 大蒜 SOD 的测活和纯化效果评价

【实训目标】

(1) 知道 SOD 酶活测定和蛋白质浓度测定的原理,能熟练完成 SOD 的酶活测定和样品蛋白质浓度测定操作。

(2) 能正确操作紫外分光光度计,并正确维护。

(3) 能及时、真实并且正确地进行记录,正确计算酶活、蛋白浓度、比酶活、纯化倍数和回收率。

(4) 学习如何根据纯化表中各参数评价纯化效果。

【实训材料】

任务二得到的粗酶液和酶液样品。

主要试剂:任务一配制的试剂。

主要设备:紫外分光光度计;石英比色皿;恒温水浴锅。

【操作步骤】

1. 邻苯三酚自氧化速率测定

取干净试管两支，编号，记为1、2。在1、2号试管中加入磷酸盐缓冲液，25 ℃下保温10 min。同时，将任务一配制的磷酸盐缓冲液、邻苯三酚溶液和盐酸溶液在25 ℃下保温10 min。然后，按照表3-2向1、2号试管中分别加入25 ℃预热过的盐酸溶液和邻苯三酚溶液，迅速摇匀后立即倾入比色皿中，以1号空白管为对照，在320 nm波长处测定2号测定管的光密度值，每隔1 min读数一次，共计时4 min，要求自氧化速率控制在0.07 OD /min。按照表3-3记录测定结果，并计算自氧化速率。

表3-2 邻苯三酚自氧化速率测定加样

试剂(ml) \ 管号	1(空白)	2(测定)
0.05 mol/L，pH8.2的磷酸盐缓冲液	4.5	4.5
10 mmol/L盐酸溶液	0.01	0
50 mmol/L邻苯三酚溶液	0	0.01

表3-3 邻苯三酚自氧化速率测定记录

时间	0	1 min	2 min	3 min
OD320	A_0	A_1	A_2	A_3
ΔOD320		A_1-A_0	A_2-A_1	A_3-A_2

根据表3-3的测定结果，自氧化速率：ΔODA=__________OD/min，该值取在ΔOD320出现频率最大的值。

2. 蛋白浓度测定

分别取任务二留样的粗酶液E_0和酶液E各0.5 ml用0.05 mol/L，pH为8.2的磷酸盐缓冲液稀释后，以同样缓冲液作空白对照，分别在280 nm和260 nm处测定吸光度。待稀释到光密度在0.2至2.0之间，记录稀释倍数和在波长280 nm和260 nm处的吸光度于表3-4，用280 nm和260 nm的吸收差法经验公式直接计算出蛋白质浓度并记录。

$$蛋白质浓度(mg/ml)=1.45\ OD280-0.74\ OD260$$

表3-4 蛋白浓度测定记录表

样品	粗酶液	酶液
编号	E_0	E
OD280		
OD260		
稀释倍数		
蛋白质浓度(mg/ml)	C_0=____ mg/ml	C=____ mg/ml

3. 酶活测定

取干净试管三支，编号，记为1、2、3。在三支试管中加入磷酸盐缓冲液，25 ℃下保温10 min。同时，将任务一配制的磷酸盐缓冲液、邻苯三酚溶液和盐酸溶液在25 ℃下保温10 min，将任务二留样的粗酶液 E_0 和酶液 E 各0.5 ml在25 ℃下保温10 min。然后，按照表3-5向1、2、3号试管中分别加入剩下的试剂，迅速摇匀后立即倾入比色皿中，以1号空白管为对照，在320 nm波长处测定2号和3号测定管的光密度OD值，每隔1 min读数一次，共计时4 min。按照表3-6记录测定结果，并计算自氧化速率。

表3-5 SOD酶活测定加样

试剂(ml) \ 管号	1(空白)	2(测定)	3(测定)
0.05 mol/L，pH8.2的磷酸盐缓冲液	4.5	4.4	4.4
粗提取液	0	0.1	0
SOD酶液	0	0	0.1
50 mmol/L邻苯三酚溶液	0	0.01	0.01
10 mmol/L HCl	0.01	0	0

表3-6 SOD酶活测定记录

时间	0	1 min	2 min	3 min
粗提液OD320	B_0	B_1	B_2	B_3
粗提液ΔOD320		B_1-B_0	B_2-B_1	B_3-B_2
酶液OD320	C_0	C_1	C_2	C_3
酶液ΔOD320		C_1-C_0	C_2-C_1	C_3-C_2

根据表3-6的测定结果，加入酶后邻苯三酚的自氧化速率：ΔODB=__________OD/min，ΔODC=__________OD/min，分别取在 ΔOD_{320} 出现频率最大的值。

4. 结果计算和评价

酶活力单位的定义：在1 ml反应液中，每分钟抑制邻苯三酚自氧化速率达50%时的酶量定义为一个酶活力单位(U/ml)。若每分钟抑制邻苯三酚自氧化速率在35%～65%范围，通常可按比例计算，若数值不在此范围内，应增减酶样品加入量。

按照酶活力单位定义和测定过程，分别计算粗酶液和酶液的酶活，记为 E_0(U/ml)和 E(U/ml)。将计算结果填入表3-7，结合提纯过程进行评价。

比酶活(U/mg)＝酶活/蛋白浓度

纯化倍数＝酶液的比酶活/粗酶液的比酶活

$$收率=酶液的总活力/粗酶液的总活力\times 100\%=\frac{E\times V}{E_0\times V_0}\times 100\%$$

表 3-7 大蒜 SOD 纯化表

样品	总蛋白(mg)	总活力(U)	比酶活(U/mg)	纯化倍数(倍)	收率(%)
粗酶液	$V_0 \times C_0$	$E_0 \times V_0$		1	100%
纯化后酶液	$V \times C$	$E \times V$			

实训项目二 重组淀粉酶的分离纯化

【项目背景】

α-淀粉酶(1,4α-D-葡聚糖葡萄糖水解酶,1,4-α-D-Glucan-glucanohydrolase,EC3.2.1.1)作用于淀粉时将淀粉分子内部的α-1,4糖苷键随机切开,生成糊精和还原糖,由于生成的产物末端残基碳原子构型为α构型而得名。α-淀粉酶是一种非常重要的淀粉水解酶,是工业生产中应用最为广泛的酶制剂之一,它的应用开辟了淀粉加工的新途径。

α-淀粉酶的分子量一般在15 600~139 300,其中大部分酶的分子量范围是45 000~60 000。α-淀粉酶通常在pH为5.5~8.0较稳定,通常最适温度范围是50~60℃。所有的α-淀粉酶都是金属酶,每个酶分子中都至少包含一个钙离子,所以钙离子能使该酶保持稳定的构象,从而表现较高的活性和稳定性。

α-淀粉酶可以从动植物体中提取,也可以由微生物发酵制备,但大规模工业生产还是主要靠微生物发酵。不同来源的α-淀粉酶具有不同的性质,因而具有不同的用途。工业上,α-淀粉酶主要来源于枯草芽胞杆菌(*Bacillus Subtilis*)、地衣芽胞杆菌(*Bacillus licheniformis*)、解淀粉芽胞杆菌(*Bacillus amyloliquefaciens*)、黑曲霉(*Aspergillus niger*)和米曲霉(*Aspergillus oryzae*)。α-淀粉酶可以用于面包烘培、淀粉加工、饲料加工、造纸和医药行业。在医药行业,α-淀粉酶可以用于制造助消化药物、卵巢癌的鉴别诊断、不同血链球菌菌株的鉴定、龋齿的病因研究和预防等。

【实训原理】

枯草芽胞杆菌是一种重要的α-淀粉酶生产菌,作为工业酶生产应用最广泛的菌种之一,具有安全、高效且开发潜力大等优点。α-淀粉酶作用于淀粉,水解后生成产物中含有麦芽糖。麦芽糖为还原糖,在碱性条件下与3,5-二硝基水杨酸共热,3,5-二硝基水杨酸被还原成棕红色物质3-氨基-5-硝基水杨酸。在一定范围内,还原糖的量与该棕红色物质的颜色深浅呈线性关系,可以用比色法测定还原糖的量。而α-淀粉酶活力的大小与生成的还原糖的量成正比,所以可由此测定α-淀粉酶的活力。

图 3-2 还原糖测定反应

将枯草芽胞杆菌α-淀粉酶基因通过PCR扩增，克隆至大肠杆菌PET表达载体并转化大肠杆菌感受态细胞，获得重组大肠杆菌。将重组枯草芽胞杆菌通过摇瓶发酵表达α-淀粉酶，如果可以胞外分泌表达该酶，只需要将发酵液进行固液分离后对发酵液上清中的重组α-淀粉酶进行分离纯化。若该酶在胞内，需要经过固液分离后收集大肠杆菌菌体，再选择合适的溶液体系，采用合适的方法进行细胞破碎，然后经过固液分离后对含有重组α-淀粉酶的上清液进行分离纯化。

重组α-淀粉酶的纯化可以利用α-淀粉酶的特性，比如分子量和酸碱性等进行纯化，也可以在构建工程菌时采用融合表达载体。融合表达是在α-淀粉酶的N端或C端添加特殊的序列，可以实现蛋白的亲和纯化，提高蛋白可溶性、促进蛋白正确折叠。其中，His-Tag是将连续的六个组氨酸(His)融合于目标蛋白的N端或C端，通过His与金属离子的螯合作用而实现亲和纯化，是目前最常用的亲和纯化标签之一。His与金属离子的结合力大小遵循以下规律：$Cu^{2+}>Fe^{2+}>Zn^{2+}>Ni^{2+}$，其中最常用的是$Ni^{2+}$。His标签具有较小的分子量，融合于目标蛋白的N端或C端不影响目标蛋白的活性，所以纯化之后一般不需要去除。但是，His标签因为分子量小表达融合蛋白之后易形成包涵体，纯化过程中需要将包涵体进行复性。

本项目采用的重组大肠杆菌细胞内表达His-Tag融合蛋白。为了提取纯化α-淀粉酶，对发酵液进行固液分离之后收集沉淀，进行细胞破碎后收集包涵体，包涵体进行复性后用镍柱进行纯化。

任务一 重组α-淀粉酶的表达

【实训目标】

(1) 能熟练配制培养基和其他试剂。

(2) 能熟练进行重组大肠杆菌的培养和目的蛋白的诱导表达，无菌操作符合要求。

(3) 能正确操作高压蒸汽灭菌锅和超净工作台，并正确维护。

【实训材料】

重组大肠杆菌。

主要试剂：酵母粉；胰蛋白胨；氯化钠；氢氧化钠；IPTG；氨苄青霉素；75%乙醇。

主要设备：高压蒸汽灭菌锅；超净工作台；恒温摇床；0.22 μm滤膜和滤器；紫外可见分光光度计；玻璃比色皿。

【操作步骤】

1. 试剂配制和灭菌

LB液体培养基：酵母粉5 g，胰蛋白胨10 g，氯化钠10 g，溶解后用1 mol/L NaOH调节pH至7.5，定容至1 000 ml。分装、包扎后121 ℃高压蒸汽灭菌20 min，室温保存待用。

氨苄青霉素溶液(100 mg/ml)：用去离子水配制，0.22 μm滤膜过滤后分装于无菌EP管中-20 ℃保存待用。

IPTG 溶液(100 mmol/L):将 2.39 g IPTG 溶于 100 ml 去离子水,0.22 μm 滤膜过滤后分装于无菌 EP 管中−20 ℃保存待用。

2. 培养和诱导

将培养基和其他物品放入超净工作台,打开紫外灯和风机,空间灭菌 15 min。空间灭菌结束后,关闭紫外灯打开照明灯,保持风机开启。将重组大肠杆菌菌种拿到超净工作台,用 75%乙醇擦拭外表面。向 LB 培养基中加入氨苄青霉素溶液至终浓度为 50 μg/ml 后,挑取重组大肠杆菌单菌落至少量 LB 培养基中,37 ℃、200 r/min 过夜(16 h)培养。

将过夜培养的菌液按照 1%的接种量接种到已加入氨苄青霉素(100 μg/ml)的 LB 培养基中,37 ℃、200 r/min 培养。每隔一段时间取样,以未接种的培养基为对照,在 600 nm 处测定菌浓。

待培养液 OD_{600} = 0.5~1.0(培养 2~3 h),加入 IPTG 至终浓度为 1 mmol/L,37 ℃、200 r/min诱导培养 4 h,或 16 ℃、200 r/min 过夜诱导培养。

任务二　重组大肠杆菌细胞收集和破碎

【实训目标】

(1) 能熟练完成从发酵液中收集重组大肠杆菌细胞的操作过程。

(2) 能熟练将重组大肠杆菌细胞进行破碎,提取重组 α-淀粉酶。

(3) 能正确操作大容量冷冻离心机和超声波细胞破碎仪,并正确维护。

(4) 学习如何根据待提取目标蛋白的性质,选择合适的溶液体系。

【实训材料】

任务一得到的发酵液;碎冰。

主要试剂:磷酸氢二钠;柠檬酸;标准缓冲液;电极保护液。

主要设备:pH 计;冷冻离心机;超声波细胞破碎仪;高速冷冻离心机。

【操作步骤】

1. 配制缓冲液:0.2 mol/L、pH 为 6.0 的磷酸盐缓冲液

(1) 标准缓冲液的配制:根据需要,配制 pH 为 6.86 和 4.00 的标准缓冲液。

(2) pH 计标定:按照要求安装 pH 计,并检查电极。若电极未被保护液浸泡则应该先将电极在电极保护液(3 mol/L KCl)中浸泡数小时。然后按照使用说明书进行温度校正,再利用标准缓冲液进行定位(pH 为 6.86)和斜率校正(pH 为 4.00)。

(3) 缓冲液的配制:称取 45.23 g 磷酸氢二钠($Na_2HPO_4 \cdot 12H_2O$)和 8.07 g 柠檬酸($C_6H_8O_7 \cdot H_2O$),用水溶解并定容至 1 000 ml。用校正后的 pH 计校正溶液的 pH 至 6.0。

(4) 电极维护:用蒸馏水清洗电极,擦干后将电极浸泡在电极保护液中。

2. 离心法收集重组大肠杆菌细胞

4 ℃、8 000 r/min 离心 15 min,上清液留样,沉淀即为重组大肠杆菌菌体。沉淀和上清液短期存放应分开存放,沉淀置于冰箱−20 ℃存放,上清液置于冰浴中或冰箱 4℃冷藏。注意离心

机的正确使用和维护。

3. 洗涤大肠杆菌菌体

将适量 0.2 mol/L、pH 为 6.0 的磷酸盐缓冲液在冰水浴中预冷，然后与离心后得到的大肠杆菌菌体混合均匀将菌体洗涤一次，按照每克湿重加入 10～20 ml 缓冲液的比例将菌体重悬于预冷的缓冲液中混合均匀。（可将菌体在－20 ℃冷冻过夜，隔天室温溶化后加入预冷缓冲液，有助于细胞破碎。）

4. 超声法破碎大肠杆菌

大肠杆菌悬液置于冰水浴中，按照破碎功率 500 W，破碎工作时间 3 s，间歇时间 6 s，用超声细胞破碎仪全程破碎 20 min。具体操作见“第二部分 第一章 实验二 超声波法破碎酵母细胞”。

当破碎液清亮时停止破碎，拿出样品。先用 75％乙醇清洗变幅杆末端，再用蒸馏水冲洗变幅杆末端，然后擦干。破碎液应立即进行下面的固液分离，短期存放应置于冰浴中或冰箱 4 ℃冷藏。

5. 固液分离

根据条件选择高速冷冻离心机，将上面得到的破碎液 4 ℃、12 000 r/min 离心 15 min。沉淀和上清液短期存放应分开存放，分别置于冰浴中或冰箱 4 ℃冷藏。

注意：得到的样品进行下个步骤的纯化前，应留样进行检测。

任务三 SDS－PAGE 检测重组 α－淀粉酶

【实训目标】

(1) 能熟练完成 SDS－PAGE 的操作过程，包括试剂配制、仪器安装、制备胶和样品、加样和电泳、染色和脱色。

(2) 能根据 SDS－PAGE 的检测结果，判断重组 α－淀粉酶的表达情况。

(3) 学习如何根据重组 α－淀粉酶的表达情况，选择合适的后续处理方案。

【实训材料】

样品：任务二得到的发酵液上清；任务二得到的破碎液上清；任务三得到的破碎液沉淀。

主要试剂：丙烯酰胺；亚甲基双丙烯酰胺；SDS；Tris；浓盐酸；过硫酸铵；甘氨酸；考马斯亮蓝 R250；乙醇；甲醇；甘油；溴酚蓝；巯基乙醇；TEMED；蛋白质 Marker（根据重组 α－淀粉酶的分子量选择）。

主要设备：电泳仪；垂直电泳槽和制胶器；微量加样器；微量移液器（1 000 μl）；脱色摇床。

【操作步骤】

1. 电泳

分离胶浓度 10％、浓缩胶浓度 5％，上样量 20 μl。试剂配制、胶制作、上样、电泳、染色和脱色详细步骤见“第二部分第三章 实验一 丙酮沉淀法提纯植物蛋白”中技能拓展实验。上样样品包括：蛋白质 Marker，淀粉酶标准品，任务一、二、三中得到的样品。

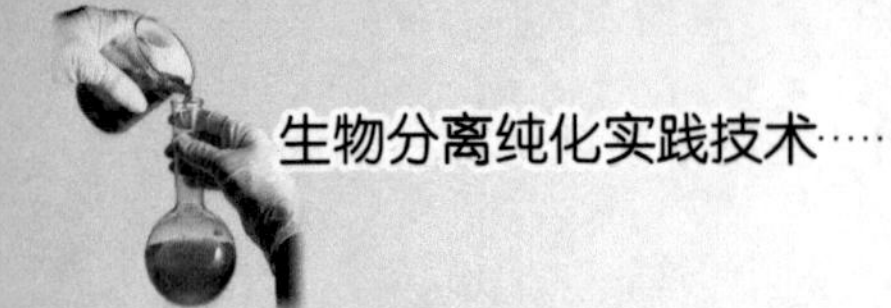

2. 结果观察

根据电泳结果，判断重组α-淀粉酶是否表达成功和其存在位置，并估计重组酶的分子量。

(1) 仅在发酵液上清中有重组α-淀粉酶条带：表示该酶分泌到胞外，应将发酵液上清经硫酸铵盐析进行初步纯化后，再用亲和层析进行纯化。具体操作见任务五和任务七。

(2) 仅在破碎液上清中有重组α-淀粉酶条带：表示该酶表达在胞内，且为可溶形式，应将破碎液上清用亲和层析进行纯化。具体操作见任务七。

(3) 仅在破碎液沉淀中有重组α-淀粉酶条带：表示该酶表达在胞内，且形成包涵体，应将包涵体进行复性后再用亲和层析进行纯化。具体操作见任务六和任务七。

(4) 在两个或多个样品中有重组α-淀粉酶条带：根据条带的深浅，判断主要表达方式，根据上述处理方法进行合并处理。也可以通过优化表达条件来改变重组酶的表达方式，便于后面的纯化。

任务四　重组α-淀粉酶酶活测定

【实训目标】

(1) 知道重组α-淀粉酶酶活测定的原理。

(2) 能熟练配制所需试剂，完成标准曲线测定和酶活测定操作。

(3) 能及时、真实并且正确地进行记录，根据测定结果绘制标准曲线；能利用标准曲线，正确计算重组α-淀粉酶的酶活。

【实训材料】

重组α-淀粉酶酶液。

主要试剂：任务二配制的缓冲液；可溶性淀粉(酶制剂专用)；麦芽糖；3,5-二硝基水杨酸；氢氧化钠；酒石酸钾钠。

主要设备：紫外可见分光光度计；水浴锅；玻璃比色皿。

【操作步骤】

1. 试剂配制

(1) 缓冲液：按任务二所述配制0.2 mol/L、pH为6.0的磷酸盐缓冲液。

(2) 1%可溶性淀粉溶液：精确称取1.000 g可溶性淀粉于烧杯中，加入80 ml的0.2 mol/L、pH为6.0的磷酸盐缓冲液，加热溶解，冷却后定容至100 ml。该溶液应现配现用。

(3) 标准麦芽糖溶液(1 mg/ml)：精确称取100 mg麦芽糖，用0.2 mol/L,pH为6.0的磷酸盐缓冲液溶解并定容至100 ml。

(4) 3,5-二硝酸水杨酸试剂(DNS试剂)：精确称取1 g 3,5-二硝基水杨酸溶解于20 ml 20 mol/L NaOH溶液中，加入50 ml蒸馏水，再加入30 g酒石酸钾钠。全部溶解后用蒸馏水定容至100 ml。使用前检测溶液是否混浊，若混浊应过滤后使用。该试剂应密闭保存。

(5) 0.4 mol/L NaOH溶液。

2. 麦芽糖标准曲线制作

取干净具塞刻度试管 7 支,编号后按照表 3-8 加入试剂后摇匀,置沸水浴中准确处理 5 min。取出试管用流水冷却,加入蒸馏水定容至 20 ml。以 1 号试管为空白调零,在 540 nm 波长处测定其余各管的光密度 OD 值。以麦芽糖含量为横坐标,测定的光密度值为纵坐标,绘制标准曲线。

表 3-8 麦芽糖标准曲线制作

试剂 \ 管号	1(空白)	2	3	4	5	6	7
麦芽糖标准液(ml)	0	0.2	0.6	1.0	1.4	1.8	2.0
pH 为 6.0 的磷酸盐缓冲液(ml)	2.0	1.8	1.4	1.0	0.6	0.2	0
3,5-二硝基水杨酸试剂(ml)	2.0	2.0	2.0	2.0	2.0	2.0	2.0
麦芽糖含量(mg)	0	0.2	0.6	1.0	1.4	1.8	2.0
光密度值 OD540	0						

3. 重组 α-淀粉酶酶活测定

取干净试管 2 支,编号后按照表 3-9 加入酶液和缓冲液后,置于 40 ℃(±0.5 ℃)恒温水浴保温 10 min。加入 1%可溶性淀粉溶液置于 40℃(±0.5℃)恒温水浴准确保温 5 min。保温结束后,快速加入 3,5-二硝基水杨酸试剂终止反应,摇匀后置沸水浴中准确处理 5 min。取出试管用流水冷却,加入蒸馏水定容至 20 ml。以 1 号试管为对照,在 540 nm 波长处测定其余各管的光密度值。

表 3-9 α-淀粉酶酶活测定

试剂 \ 管号	1(空白)	2(测定)
0.05 mol/L,pH 为 8.2 的磷酸盐缓冲液(ml)	1.0	0.1
重组 α-淀粉酶酶液(ml)	0	0.9
40 ℃(±0.5 ℃)恒温水浴保温 10 min		
1%可溶性淀粉溶液(ml)	1.0	1.0
40 ℃(±0.5 ℃)恒温水浴准确保温 5 min		
3,5-二硝基水杨酸试剂(ml)	2.0	2.0
沸水浴处理 5 min,冷却后定容至 20 ml		
光密度值 OD540	0	

4. 重组 α-淀粉酶酶活计算

α-淀粉酶活性单位(U)定义:在 40 ℃、pH 为 6.0 的条件下,每分钟水解淀粉生产 1 mg 还原糖所需要的酶量为一个酶活性单位。

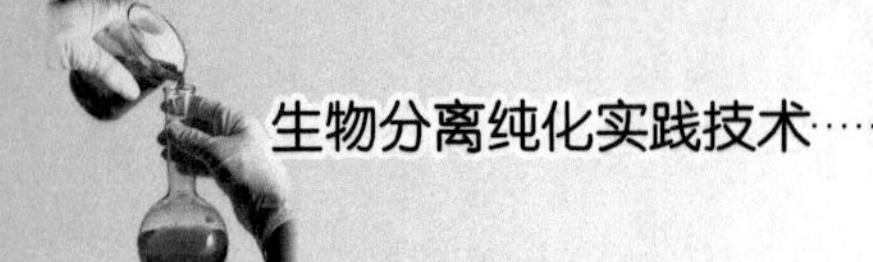

根据表3-9中测得的重组α-淀粉酶酶活测定管在540 nm处的光密度值，利用对照曲线得到测定管中生成的还原糖的量，根据酶活定义计算待测酶液的活力(U/ml)。

任务五　硫酸铵分级盐析初步纯化重组α-淀粉酶

【实训目标】

(1) 知道盐析法初步纯化目的产物的原理。

(2) 能熟练进行硫酸铵分级盐析和固液分离的操作。

【实训材料】

任务二得到的发酵液上清；碎冰。

主要试剂：硫酸铵(使用前在研钵中研成细粉末)。

主要设备：冷冻离心机；微量移液器。

SDS-PAGE测定盐析结果，试剂和设备按照任务三准备。

【操作步骤】

1. 重组α-淀粉酶盐析曲线的测定

用实验确定重组α-淀粉酶盐析沉淀的最佳饱和度，按照下面的步骤操作：

(1) 取7支离心管，用记号笔在离心管上标记20%、30%、40%、50%、60%、70%和80%(标记为硫酸铵饱和度)。对照表3-10分别称取研成细粉的硫酸铵粉末0.057 g、0.088 g、0.122 g、0.156 g、0159 g、0.235 g和0.281 g分别加入到上述离心管中。

(2) 分别向上述装有硫酸铵粉末的离心管中添加0.5 ml任务二得到的发酵液上清(已在冰水浴中冷却)，充分振荡使硫酸铵溶解，在冰水浴中静置2 h。将离心管小心放入离心机内，4 ℃、10 000 r/min离心10 min后，小心倾倒去上清液。将离心管在吸水纸上倒置，尽可能多地去除上清液。

(3) 向离心管中添加SDS-PAGE上样缓冲液按照任务三的操作检测各饱和度沉淀的样品。根据检测结果，确定重组α-淀粉酶出现的饱和度范围。

2. 盐析法沉淀重组α-淀粉酶

将任务二发酵液上清准确量取体积后置于烧杯中，冰水浴中放置。按照表3-10和样品体积，计算样品达到重组α-淀粉酶沉淀饱和度范围的低饱和度所需要加入的硫酸铵的量，准确称取硫酸铵并研成细粉末。在冰浴、搅拌状态下缓缓加入研成细粉末的硫酸铵，冰浴静置2 h后，4 ℃、10 000 r/min离心10 min，弃沉淀取上清液。

表 3－10　调整硫酸铵溶液饱和度计算表(0 ℃)

硫酸铵终浓度，饱和度/%																		
		20	25	30	35	40	45	50	55	60	65	70	75	80	85	90	95	100
	每 100 ml 溶液加固体硫酸铵的克数*																	
硫酸铵初浓度，饱和度/%	0	10.6	13.4	16.4	19.4	22.6	25.8	29.1	32.6	36.1	39.8	43.6	47.6	51.6	55.9	60.3	65.0	69.7
	5	7.9	10.8	13.7	16.6	19.7	22.9	26.2	29.6	33.1	36.8	40.5	44.4	48.4	52.6	57.0	61.5	66.2
	10	5.3	8.1	10.9	13.9	16.9	20.0	23.3	26.6	30.1	33.7	37.4	41.2	45.2	49.3	53.6	58.1	62.7
	15	2.6	5.4	8.2	11.1	14.1	17.2	20.4	23.7	27.1	30.6	34.3	38.1	42.0	46.0	50.3	54.7	59.2
	20	0	2.7	5.5	8.3	11.3	14.3	17.5	20.7	24.1	27.6	31.2	34.9	38.7	42.7	46.9	51.2	55.7
	25		0	2.7	5.6	8.4	11.5	14.6	17.9	21.1	24.5	28.0	31.7	35.5	39.5	43.6	47.8	52.2
	30			0	2.8	5.6	8.6	11.7	14.8	18.1	21.4	24.9	28.5	32.3	36.2	40.2	44.5	48.8
	35				0	2.8	5.7	8.7	11.8	15.1	18.4	21.8	25.4	29.1	32.9	36.9	41.0	45.3
	40					0	2.9	5.8	8.9	12.0	15.3	18.7	22.2	25.8	29.6	33.5	37.6	41.8
	45						0	2.9	5.9	9.0	12.3	15.6	19.0	22.6	26.3	30.2	34.2	38.3
	50							0	3.0	6.0	9.2	12.5	15.9	19.4	23.0	26.8	30.8	34.8
	55								0	3.0	6.1	9.3	12.7	16.1	19.7	23.5	27.3	31.3
	60									0	3.1	6.2	9.5	12.9	16.4	20.1	23.1	27.9
	65										0	3.1	6.3	9.7	13.2	16.8	20.5	24.4
	70											0	3.2	6.5	9.9	13.4	17.1	20.9
	75												0	3.2	6.6	10.1	13.7	17.4
	80													0	3.3	6.7	10.3	13.9
	85														0	3.4	6.8	10.5
	90															0	3.4	7.0
	95																0	3.5
	100																	0

* 在 0 ℃ 下，硫酸铵溶液由初浓度调到终浓度时，每一百毫升溶液所加固体硫酸铵的克数。

将得到上清液准确量取体积后置于烧杯中，冰水浴中放置。按照表 3－10 和上清液体积，计算样品达到重组 α-淀粉酶沉淀饱和度范围的高饱和度所需要加入的硫酸铵的量，准确称取硫酸铵并研成细粉末。在冰浴、搅拌状态下缓缓加入研成细粉末的硫酸铵，冰浴静置 2 h 后，4 ℃、10 000 r/min 离心 10 min，弃上清液取沉淀。

3. 脱盐和更换溶液体系

用镍柱亲和层析上样缓冲液(配方见任务七)溶解上述得到的沉淀。将溶解后的酶溶液装入处理过的透析袋，放置于上样缓冲液中，4 ℃缓慢透析。然后将透析袋敷埋于大分子 PEG

中，置于 4 ℃将酶液适量浓缩，样品待用镍柱亲和层析纯化。或用葡聚糖凝胶 G－25 或 G－50 过柱除去样品中的硫酸铵，并更换上样缓冲液体系，待用镍柱亲和层析纯化。

注意：可以使用超滤管浓缩样品，并在浓缩过程中不断加入上样缓冲液，可同时达到浓缩和置换缓冲液的目的。

任务六　重组 α－淀粉酶包涵体的复性

【实训目标】

（1）知道包涵体形成的原因和复性的原理，了解包涵体对蛋白表达和纯化的影响。

（2）能熟练配制试剂，完成包涵体的洗涤、溶解和复性操作。

（3）能用 SDS－PAGE 检测包涵体复性的效果。

【实训材料】

任务二得到的破碎液沉淀；碎冰；精密 pH 试纸；透析袋（MWCO 应大于重组酶的分子量）。

主要试剂：$NaHCO_3$；Tris；浓盐酸；EDTA；NaCl；Triton X－100；尿素；β－巯基乙醇（或 DTT）；脱氧胆酸钠。

主要设备：高速冷冻离心机；磁力搅拌器；超声装置；冰箱。

【操作步骤】

1. 试剂配制

（1）透析袋处理液和透析袋保护液

配制方法见“第二部分 第四章 膜分离技术 实验一 蛋白质溶液透析”。

（2）洗涤缓冲液

洗涤缓冲液Ⅰ：pH7.5、50 mmol/L Tris－HCl 缓冲液，含 2 mmol/L EDTA、100 mmol/L NaCl、1％Triton X－100（V/V）、2 mol/L 尿素。

洗涤缓冲液Ⅱ：pH7.5、50 mmol/L Tris－HCl 缓冲液，含 2 mmol/L EDTA、100 mmol/L NaCl、1％Triton X－100（V/V）。

洗涤缓冲液Ⅲ：pH7.5、50 mmol/L Tris－HCl 缓冲液，含 2 mmol/L EDTA、100 mmol/L NaCl、1％Triton X－100（V/V）、2 mol/L 盐酸胍。

（3）溶解缓冲液：pH7.5、50 mmol/L Tris－HCl 缓冲液，含 8 mol/L 尿素、10 mmol/Lβ－巯基乙醇或 DTT、2 mmol/L EDTA、2 mmol/L 脱氧胆酸钠。

（4）复性缓冲液：pH7.5、50 mmol/L Tris－HCl 缓冲液，含 6/4/2/0.5 mol/L 尿素、1％甘氨酸、5％甘油、0.2％PEG、1 mmol/L 氧化型谷胱甘肽，1 mmol/L 还原型谷胱甘肽。

2. 透析袋预处理

操作步骤见“第二部分 第四章 膜分离技术 实验一 蛋白质溶液透析”。

3. 洗涤包涵体

按每克湿重加入 5～10 ml 缓冲液的比例加入洗涤缓冲液，按照下面的步骤分别用缓冲液Ⅰ、缓冲液Ⅱ、缓冲液Ⅲ洗涤一次，离心收集包涵体沉淀，以除去包涵体上黏附的杂质，比如膜

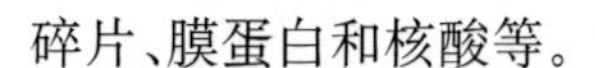

碎片、膜蛋白和核酸等。

(1) 向包涵体沉淀(即任务二得到的破碎液沉淀)中加入适量洗涤缓冲液Ⅰ重悬沉淀,混匀,超声处理 5 s。在 4 ℃、15 000 r/min 离心 30 min,弃上清。

(2) 向离心沉淀中加入适量洗涤缓冲液Ⅱ重悬沉淀,混匀,超声处理 5 s。在 4 ℃、15 000 r/min 离心 30 min,弃上清。

(3) 向离心沉淀中加入适量洗涤缓冲液Ⅲ重悬沉淀,混匀,超声处理 5 s。在 4 ℃、15 000 r/min 离心 30 min,弃上清。

4. 溶解包涵体

按照每克沉淀加入 1～5 ml 溶解缓冲液将沉淀重悬于溶解缓冲液中,缓慢摇动使其缓慢溶解,室温放置 30 min,然后 10 ℃、15 000 r/min 离心 30 min,取上清,沉淀留样检测。

5. 梯度透析复性包涵体

将溶解后的蛋白质用溶解缓冲液适当稀释(一般稀释到 0.1～1.0 mg/ml),装入处理过的透析袋中,放置于复性缓冲液中,按照 1∶100(v/v)的比例 4 ℃缓慢透析。按照 6、4、2、0.5 mol/L依次降低透析液中尿素浓度,每个浓度透析液透析 6～8 h,总共透析 24～32 h。透析结束后,溶液在 4 ℃、15 000 r/min 离心 30 min,分离上清和沉淀,上清和沉淀取样进行检测。

6. 复性结果检测

分别取上述步骤 2 中的沉淀留样、最后得到的上清液和沉淀取样,用 SDS－PAGE 和酶活测定检测复性效果。SDS－PAGE 操作步骤见任务三,酶活测定操作步骤见任务四。

任务七　亲和层析纯化重组α-淀粉酶

【实训目标】

(1) 知道镍柱亲和层析纯化重组酶的原理。

(2) 能熟练完成镍柱亲和层析的基本操作,包括装柱、样品处理和平衡、上样、洗脱。

(3) 能根据层析柱流速和其他变化,选择合适的方法改善层析条件,对介质进行清洗和再生。

(4) 学会根据检测结果,对亲和层析纯化效果进行评价。

【实训材料】

任务二得到的发酵液上清、任务二得到的细胞破碎液、任务六得到的酶复性液;透析袋(MWCO应大于重组酶的分子量)。

主要试剂:Ni－NTA Agarose 层析介质;磷酸二氢钠;氯化钠;咪唑;大分子 PEG;去离子水。

主要设备:透析装置;玻璃层析柱;0.45 μm 滤膜和滤器。

【操作步骤】

1. 试剂配制(用去离子水配制)

(1) 上样缓冲液(Binding Buffer):50 mmol/L NaH_2PO_4,pH7.5。含 300 mmol/L NaCl,10 mmol/L 咪唑。

(2) 平衡缓冲液(Wash Buffer):50 mmol/L NaH_2PO_4,pH7.5。含 300 mmol/L NaCl,20 mmol/L 咪唑。

(3) 洗脱缓冲液(Elute Buffer):50 mmol/L NaH_2PO_4,pH7.5。含 300 mmol/L NaCl,250 mmol/L 咪唑。

(4) 再生缓冲液(Strip Buffer):50mmol/L Na_3PO_4,pH8.0。含 300 mmol/L NaCl,100 mmol/L EDTA。

(5) 10 mmol/L Na_3PO_4。

(6) 20 mmol/L $NiCl_2$。

(7) 20%乙醇。

2. 样品处理

(1) 若表达的α-淀粉酶为包涵体,将任务六得到复性酶溶液装入处理过的透析袋(透析袋预处理见任务六),放置于上样缓冲液中,按照 1∶100(v/v)的比例 4℃缓慢透析。然后将透析袋敷埋于大分子 PEG 中,置于 4 ℃将酶液适量浓缩,即为样品。

(2) 若表达的α-淀粉酶主要在破碎液上清,任务二中破碎后收集的上清液,即为样品。

(3) 若表达的α-淀粉酶主要在发酵液上清中,按照任务五初步纯化后,更换溶液体系后的酶液,即为样品。

样品过柱前用 0.45 μm 滤膜过滤,保证样品澄清无颗粒,防止样品中的杂质堵塞柱子,缩短层析介质使用寿命。

3. 装柱

将玻璃层析柱洗净,垂直固定在铁架台上,关闭出口。向固定好的柱子中加入去离子水,打开出口缓慢放出去离子水,注意排出柱子中的空气。空气排尽后关闭出口,继续加入去离子水,至柱内蒸馏水高度为 5 cm 左右时关闭出口。

将 Ni-NTA Agarose 层析介质混匀,将玻璃棒紧靠柱子内壁引流,顺着玻璃棒将层析介质缓慢加入到层析柱中。加完后,静置一段时间,至介质自然沉降。打开出口放出部分液体,保持层析介质上表面维持 2~3 cm 高度的液位。

4. 平衡和上样

用 20 倍床体积的去离子水通过柱子,除去游离的金属离子和其他杂质,再用 10 倍床体积的平衡缓冲液平衡亲和层析柱。然后将出口打开,将液面放至与层析介质上表面齐平后关闭出口。将样品小心加到层析介质表面,打开出口将液面放至与层析介质上表面齐平后,用 10 倍床体积的平衡缓冲液冲洗,除去不能与层析介质结合的杂质,至流出液无蛋白检出。操作过程中,液体流速应控制在 0.5 ml/min。

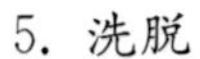

5. 洗脱

更换洗脱液，保持流速进行洗脱。收集洗脱流出液，至无蛋白检出后停止，收集洗脱液。用10倍床体积平衡缓冲液平衡。Ni－NTA Agarose层析介质可在4 ℃下，保存于20％乙醇中。

6. SDS－PAGE

利用SDS－PAGE和酶活测定检测纯化效果。SDS－PAGE操作步骤见任务三，酶活测定操作步骤见任务四。

7. 层析介质保养

若使用一段时间之后，层析柱流速下降，可以倒出介质后，按照步骤3重新装柱。若重新装柱后流速或蛋白质结合能力下降，或者介质上有杂质沉淀导致的颜色改变或其他肉眼可见明显污染物，需要对介质进行清洗或再生。

(1) 介质清洗：用10倍床体积0.5 mol/L NaOH在柱内清洗层析介质，然后用10倍床体积平衡缓冲液清洗。

(2) 介质再生

①用10～15倍床体积的再生缓冲液通过柱子，通过调节流速保证再生液和层析介质的接触时间至少达到30 min，去除沉淀的杂质。再用10倍床体积的去离子水清洗柱子。

②用3倍床体积的10 mmol/L Na_3PO_4 过柱子，接着用3倍床体积的20 mmol/L $NiCl_2$ 过柱子，然后用3倍床体积的10 mmol/L Na_3PO_4 过柱子。

③用10倍床体积的平衡缓冲液平衡层析柱。

④用20％乙醇洗涤柱子，Ni－NTA Agarose层析介质可在4 ℃下，保存于20％乙醇中。

任务八　重组α-淀粉酶的冷冻干燥

【实训目标】

(1) 学会冷冻干燥的原理和方法。

(2) 能熟练操作、维护台式冷冻干燥机和真空泵。

【实训材料】

待干燥重组α-淀粉酶酶液。

主要试剂：真空泵油；真空脂。

主要设备：台式冷冻干燥机；低温冰箱；真空泵。

【操作步骤】

1. 设备安装和准备

检查主机和真空泵，检查确认。

2. 预冻操作

将样品置于表面积较大的容器中在低温(－20 ℃以下)冰箱过夜冷冻，取出容器后去盖或倾斜盖让内外空气连通，将容器放于物料盘中，再将物料盘放于预冻架上，将预冻架放入冷阱中，盖上保温盖。打开冷冻干燥机总电源，打开制冷装置，观察冷阱温度显示窗数字开始下降即开始预冻。

3. 冻干操作

预冻结束后启动真空泵，开始进行物料冻干。干燥过程中注意观察物料性状、真空泵显示压力和温度。干燥结束，得到干燥的 α-淀粉酶，可保存较长时间。

按照要求维护设备，设备的具体操作维护方法见“第二部分 第六章 浓缩与干燥技术”中“实验二 牛奶冷冻干燥”。

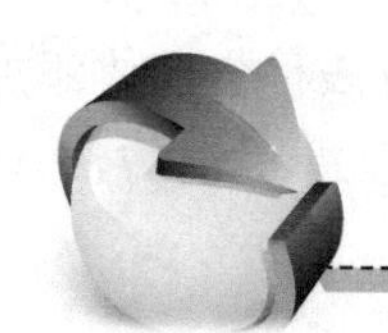

第二章　氨基酸分离纯化实训

【知识准备】

氨基酸是构成蛋白质的基本组成单位，是人类健康的基本营养成分。蛋白质的生物功能与构成蛋白质的氨基酸种类、数量、排列顺序及其空间构象有密切的关系。自20世纪50年代开始，氨基酸工业蓬勃发展，生产技术不断发展，产量和品种都逐年增加。目前，每年全世界的氨基酸总产量有几百万吨，其中产量较大的有谷氨酸、赖氨酸及蛋氨酸，其次为胱氨酸、苯丙氨酸及天门冬氨酸等。这些氨基酸主要用于医药、食品、化工和饲料行业。

从1977版中国药典收录第一个氨基酸原料药“谷氨酸”开始，2005版药典已经收录了23个品种的氨基酸及其衍生物，2010版药典已经收录了26个品种的氨基酸及其衍生物，2015版药典又有新增品种。复方氨基酸输液是由多种氨基酸按特定比例混合制成的静脉输液。健康人靠从膳食中摄取蛋白质获得氨基酸满足机体的需求，维持蛋白质的动态平衡。对于消化道有严重障碍的病人，手术后禁食的病人，或者病情危重的病人，临床上可通过直接输入复方氨基酸输液制剂改善病人的营养状况，对满足危重病人的营养需求，抢救危重患者的生命起着非常重要的作用，可以增加病人的治疗机会，促进病人康复。

氨基酸除了具有丰富的营养价值之外，一些氨基酸及其衍生物能够单独治疗消化道疾病、肝病、脑及神经系统疾病、肿瘤和其他与氨基酸相关联的疾病。比如，谷氨酸和谷氨酰胺能保护消化道、促进黏膜增生，进而达到防治综合性胃溃疡和十二指肠溃疡的作用。精氨酸可以增加肝脏中精氨酸酶的活性，临床可以治疗高氨血症、肝机能障碍等疾病。

氨基酸及其衍生物类药物已有百种之多，但主要是以20种氨基酸为原料经酯化、酰化、取代及成盐等化学方法或酶转化法生产。

一、氨基酸的生产方法

氨基酸的生产方法主要有天然蛋白质水解法、微生物发酵法、酶转化法及化学合成法四种。

1. 天然蛋白水解法

以毛发、血粉及废蚕丝等蛋白质为原料，利用酸、碱或酶水解成多种氨基酸混合物，经提纯获得各种药用氨基酸的方法称为天然蛋白水解法，分为酸水解法、碱水解法及酶水解法三种。目前用水解法生产的氨基酸较少，主要有酪氨酸、胱氨酸、组氨酸、精氨酸、亮氨酸和丝氨酸。

2. 发酵法

发酵法分为直接发酵法和前体添加发酵法。微生物利用碳源、氮源及盐类几乎可合成所有氨基酸，这种利用微生物直接发酵合成氨基酸的方法称为直接发酵法。目前绝大部分氨基酸皆可通过发酵法生产，其缺点是产物浓度低，设备投资大，工艺管理要求严格，生产周期长，成本高。加入特殊前体或中间产物为原料，通过微生物发酵获得氨基酸的方法称为前体添加发酵法。比如，嗜甘油棒状杆菌可以以甘氨酸为前体，发酵生产生物合成丝氨酸。这种方法，能够避免生物合成途径中的反馈抑制，提高氨基酸的产量。

3. 酶转化法

利用酶工程技术，在特定酶的作用下使某些化合物转化生成相应氨基酸的方法称为酶转化法。该技术以特定氨基酸前体为原料，同时培养具有相应酶的微生物、植物或动物细胞，将两者置于生物反应器中，反应一段时间后将反应液分离纯化即可得到相应的氨基酸产品。

4. 化学合成法

利用有机合成生产氨基酸的方法称为化学合成法。合成法的优点就是制备品种不受限制，既可以制备天然氨基酸，还可以制备各种具有特殊结构的非天然氨基酸及其衍生物。但是合成的氨基酸都是外消旋体，所以工艺条件需考虑异构体拆分和分离。

二、氨基酸的分离方法

以发酵法为例，发酵液中除了含有目的氨基酸之外，还含有微生物菌体、剩余的培养基成分和微生物代谢产物等多种杂质。将发酵液进行预处理除去一些杂质和金属离子之后，通过离心或过滤除去菌体，得到含有目的氨基酸的上清液。利用杂质与目标氨基酸在物理、化学性质的差异进行提取分离。

氨基酸是一种具有两性官能团的物质，氨基酸分子中有氨基又有羧基。氨基和羧基的电离受溶液的 pH 和氨基酸的等电点 pI 的影响：当 pH 低于等电点 pI 时，羧基的电离被抑制，氨基酸带正电荷；当 pH 高于等电点 pI 时，氨基的电离被抑制，氨基酸带负电荷；在等电点时，氨基酸的溶解度最小，最易从溶液中析出。氨基酸的溶解度随着环境 pH 变化很大，在水溶液中存在如图 3-3 的平衡。几乎所有的氨基酸分离方法都利用了氨基酸的这个性质。

$$^{+}H_3N-\underset{H}{\overset{R}{C}}-COOH \underset{}{\overset{H^+}{\rightleftharpoons}} {}^{+}H_3N-\underset{H}{\overset{R}{C}}-COO^- \overset{OH^-}{\rightleftharpoons} H_2N-\underset{H}{\overset{R}{C}}-COO^-$$

图 3-3　氨基酸电离反应

1. 沉淀法

氨基酸工业中常用的沉淀法包括溶解度法、等电点沉淀、特殊试剂沉淀和有机溶剂沉淀法。

溶解度法是依据不同氨基酸在水中或其他溶剂中的溶解度差异而进行分离的方法。比如，胱氨酸和酪氨酸均难溶于水，但在热水中酪氨酸溶解度较大，而胱氨酸溶解度无大变化，可以根据这个性质将混合物中胱氨酸、酪氨酸及其他氨基酸彼此分开。

等电点沉淀法是利用氨基酸在等电点时溶解度最小，易与沉淀析出的方法。等电点法可以从发酵液或料液中沉淀氨基酸，也可以与其他沉淀方法合用。

利用某些氨基酸与一些有机或无机化合物形成不溶性衍生物沉淀，与其他氨基酸和杂质分离的方法称为特殊试剂沉淀法。

2. 吸附法

吸附法是利用吸附剂对不同氨基酸吸附力的差异进行分离的方法。比如，颗粒活性炭对苯丙氨酸、酪氨酸及色氨酸的吸附力大于对其他非芳香族氨基酸的吸附力，故可从氨基酸混合液中将上述氨基酸分离出来。

3. 离子交换法

离子交换法是利用离子交换剂对不同氨基酸和其他杂质吸附能力的差异进行分离的方法。离子交换法在工业成熟应用的例子较多，该法分离氨基酸处理量大，工艺比较成熟。

4. 萃取技术

虽然氨基酸不溶于有机溶剂，但可以利用反应萃取剂利用反应萃取技术萃取氨基酸，或者利用液膜萃取技术、反向微胶团技术分离氨基酸。

5. 膜分离技术

对含有多种氨基酸的混合溶液进行膜过滤时，调整液体的 pH 改变氨基酸所带的电荷，再加入某些盐，可以提高氨基酸的分离选择性。所以，根据目标氨基酸的特点，结合杂质的性质，选择适当类型的膜和最佳的 pH 和盐离子浓度，能利用膜分离技术对目标氨基酸进行纯化。

三、氨基酸的精制方法

用上述方法分离出的产品中除了目标氨基酸常含有少量其他杂质，尤其氨基酸输液要求氨基酸有较高的纯度，所以需进行精制。常用的精制方法有结晶和重结晶技术，也可以将溶解度法或其他方法与结晶法合用。比如，利用某些氨基酸在乙醇中溶解度较小的原理，将氨基酸液体的 pH 调整到等电点，然后用一定浓度的乙醇进行结晶或者重结晶加以精制。然后过滤得晶体后，再进行成品制作。

很多氨基酸都存在多种晶型，结晶得到的产品为多晶型产物。有时候，只有特定的晶体形态才具有预期的药理作用，所以在结晶过程中要注意控制晶体的晶型，这在药用氨基酸的生产中尤其要注意。

实训项目　谷氨酸的分离纯化

【项目背景】

谷氨酸是一种酸性氨基酸，等电点为 3.22。谷氨酸的分子式见图 3-4，分子中含有两个羧基，化学名为 α-氨基戊二酸，相对分子量为 147.13。谷氨酸有左旋体、右旋体和外消旋体，应用广泛的是左旋体，即 L-谷氨酸。L-谷氨酸是粉末状或鳞片状晶体，微溶于水，易溶于热水，不溶于乙醇、甲醇。

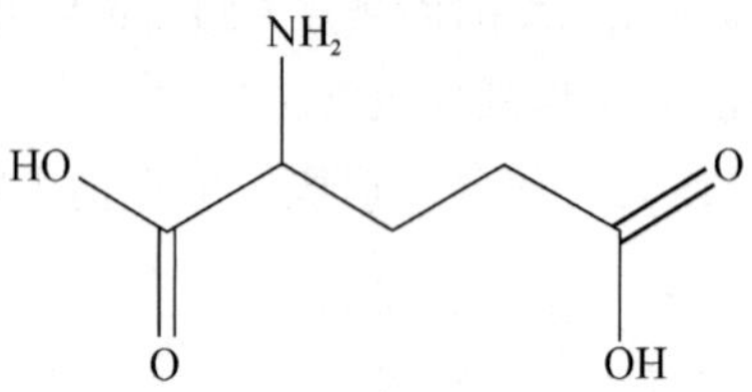

图 3-4　谷氨酸分子式

L-谷氨酸在食品和制药工业用途广泛。谷氨酸钠俗称味精，对食品的香味有增强作用，是重要的鲜味剂。作为重要的食品调味剂，谷氨酸钠既能单独使用，又能与其他增味氨基酸共用。除了增强饮料和食品的味道之外，谷氨酸钠对动物性食品还具有保鲜作用。

谷氨酸是构成蛋白质的氨基酸之一，可以作为碳源营养参与机体代谢，具有较高的营养价值。谷氨酸进入人体后，与血氨形成谷酰胺，可以解除代谢中氨对于机体的毒害作用，因此谷氨酸可以用来预防和治疗肝性脑病，也可用于肝病的辅助治疗。除了治疗肝病，谷氨酸还可以作为神经中枢和大脑皮质的补充剂，对于治疗癫痫、脑震荡、神经损伤和弱智儿童的治疗都有一定的疗效。谷氨酸制剂有谷氨酸片、谷氨酸钠注射液和谷氨酸钾注射液、乙酰谷氨酸注射液等。

谷氨酸是最先成功地利用发酵法进行生产的氨基酸。发酵液中所含的谷氨酸主要是 L-型，一般以谷氨酸铵盐的形式存在。发酵液含有大量菌体、蛋白质这些固体悬浮物，还含有发酵过程中加入的无机盐、残糖和各种无机盐离子、消泡剂，菌体产生的色素和代谢产物，这些都是纯化过程需要除去的杂质。从发酵液中提取谷氨酸时，可以直接从含有菌体和蛋白悬浮固体的发酵液及其浓缩液中提取谷氨酸，也可以将发酵液进行固液分离后从澄清液中提取谷氨酸。将发酵液进行固液分离，能降低发酵液的黏度和杂质含量，有助于后期料液的纯化和精制，提高产品收率和纯度。

1. 离子交换法提取谷氨酸

谷氨酸的等电点为 3.22。将发酵液用盐酸调节 pH，当 pH<3.22 时，谷氨酸以阳离子状态存在，采用阳离子交换树脂吸附谷氨酸，然后用洗脱剂将谷氨酸从树脂上洗脱下来，达到浓缩和提纯的目的。用离子交换法提取谷氨酸收率可以达到 90%以上，缺点是酸碱用量多且废液需进行处理。

2. 等电点法提取谷氨酸

等电点法是谷氨酸提取方法中操作最简单的一种。在已经终止发酵的发酵液中，不经除菌，直接加入盐酸，将 pH 逐步调节到谷氨酸的等电点（pH 为 3.22），利用两性氨基酸在等电点时溶解度最小的原理，使谷氨酸过饱和而沉淀下来。用等电点法提取谷氨酸，收率可以达到 60%～70%。因为发酵液中含有残糖、其他氨基酸和其他杂质，会影响谷氨酸的溶解度，进而影响谷氨酸的收率。

3. 谷氨酸结晶

发酵液的纯度和结晶操作条件是影响谷氨酸结晶的主要因素。发酵液中谷氨酸含量在

4%以上，可以在等电点处进行结晶，较容易得到晶体，收率可达60%以上。若发酵液中谷氨酸含量比较低，只有1.5%到3.5%，在一般温度下不易使谷氨酸达到饱和状态，结晶生成速度慢，所以需要采用低温等电点结晶法。因为谷氨酸的溶解度随着温度的降低而变小，所以结晶温度对晶核形成和晶型有很大影响。谷氨酸晶体的分离，可以用离心机进行离心分离，然后将晶体进行洗涤后烘干。

【实训原理】

本项目以谷氨酸棒杆菌发酵液为原料，采取离子交换法分离谷氨酸。当 pH<3.22 时，谷氨酸以阳离子 GA^+ 形式存在，用强酸性阳离子交换树脂提取，发生如下化学反应。

谷氨酸交换吸附：$RSO_3H + GA^+ \Longrightarrow RSO_3^- GA^+ + H^+$

谷氨酸的洗脱：$RSO_3^- GA^+ + NaOH \Longrightarrow RSO_3Na + GA^+ + H_2O$

交换树脂再生：$RSO_3Na + HCl \Longrightarrow RSO_3H + NaCl$

本项目所用树脂为732型苯乙烯强酸性阳离子交换树脂。每克树脂的理论交换容量为4.5 mg/g干树脂（约3.3 mmol/g干树脂），最高工作温度为90 ℃，使用pH范围为1～14，对水的溶胀率为22.5%，湿密度为0.75～0.86 g/ml。732型阳离子交换树脂对阳离子的亲和力大小顺序为：

$Ca^{2+} > Mg^{2+} > K^+ > NH_4^+ > Na^+ >$ 碱性氨基酸 > 中性氨基酸 > 谷氨酸 > 天冬氨酸

根据上面的顺序，当发酵液流经阳离子树脂，发酵液中各组分因为亲和力不同进行交换。吸附了GA之后的树脂再用4%NaOH洗脱液进行洗脱，可以收集含有GA的流出液，从而实现谷氨酸的分离与富集。使用过的732型树脂通过稀酸进行再生，可以用于下一次的交换。见图3-5。含有谷氨酸的流出液，调节pH为等电点3.22之后，对谷氨酸进行结晶精制，最后离心或者过滤得到谷氨酸晶体。

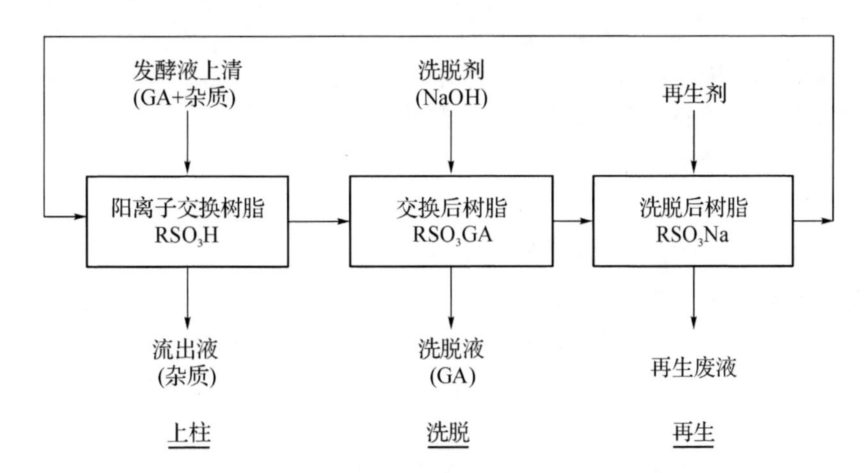

图3-5　谷氨酸离子交换操作循环

任务一　离子交换树脂的预处理

【实训目标】

(1) 知道 732 型离子交换树脂分离谷氨酸的原理。

(2) 知道离子交换树脂预处理的原理和目的，能熟练完成树脂的预处理操作。

【实训材料】

市售 732 型树脂；广式 pH 试纸。

主要试剂：浓盐酸；氢氧化钠；蒸馏水。

【操作步骤】

1. 试剂配制(根据任务三和床体积确定用量)

(1) 1 mol/L 盐酸溶液，根据浓盐酸的摩尔浓度来配制。

(2) 1 mol/L 氢氧化钠溶液，根据摩尔质量来计算、配制。

2. 树脂预处理

取树脂置于烧杯中，加约 3 倍体积的蒸馏水浸泡 18～20 h，使树脂充分溶胀。然后倾倒上层水(包括漂浮颗粒)，再用蒸馏水漂洗，使排出水不带黄色或漂浮颗粒。

加入 3 倍体积以上的 1 mol/L HCl 溶液浸泡 4 h，然后倾倒出盐酸，用蒸馏水反复洗涤树脂至中性。

加入 3 倍体积以上的 1 mol/L NaOH 溶液浸泡 4 h，倾弃碱液，用蒸馏水洗涤至中性，得到钠型树脂，在蒸馏水中保存备用。

任务二　膜法除发酵液菌体

【实训目标】

(1) 知道超滤膜法除菌体的原理。

(2) 能熟练完成超滤膜技术去除谷氨酸发酵液中菌体的操作。

(3) 学会超滤膜的清洗和保养方法。

【实训材料】

谷氨酸发酵液(谷氨酸棒杆菌发酵所得)。

主要试剂：氢氧化钠；甲醛；蒸馏水。

主要设备：超滤膜组件；蠕动泵；储罐。

【操作步骤】

1. 试剂配制

(1) 保护液：配制 1% 甲醛溶液，为膜组件的保护液。

(2) 0.1 mol/L 氢氧化钠溶液。

2. 膜组件中保护液去除

将超滤组件中的保护液倒空，用蒸馏水冲洗干净。按图 3－6 安装连接设备，向储罐内加入蒸馏水。启动蠕动泵，进一步洗去膜组件中残留的保护液，透出液出口的液体不收集。清洗过程中注意观察组件的工作情况，确认连接正确、安装紧密且工作正常。

清洗结束后，调整压力至 0.04 MPa，再次确认系统无泄漏且工作正常。然后，排出柱中和系统中的蒸馏水，备用。

3. 发酵液固液分离

排出整个膜分离系统中的蒸馏水，关闭蠕动泵后将发酵液加入储罐并记录发酵液的体积。启动蠕动泵，排出系统中的气泡后，调整膜组件进口压力表升压至 0.04 MPa，发酵液开始进行固液分离。收集透出液，透出液即为含有谷氨酸的料液。当收集的透出液体积达到发酵液体积的 80%时，暂停收集，收集的料液可以经离子交换柱回收谷氨酸。

为了提高谷氨酸回收率，可以在上述操作之后向储罐内加入适量蒸馏水，继续按照上述操作进行膜过滤。可以按照这个步骤再操作一次。稀释之后得到的料液可以适当浓缩后再经离子交换柱进行回收氨基酸操作。

注：整个分离过程中，注意观察膜分离组件进口压力的变化情况、贮罐中料液体积和透过液的体积，记录到表 3－11。

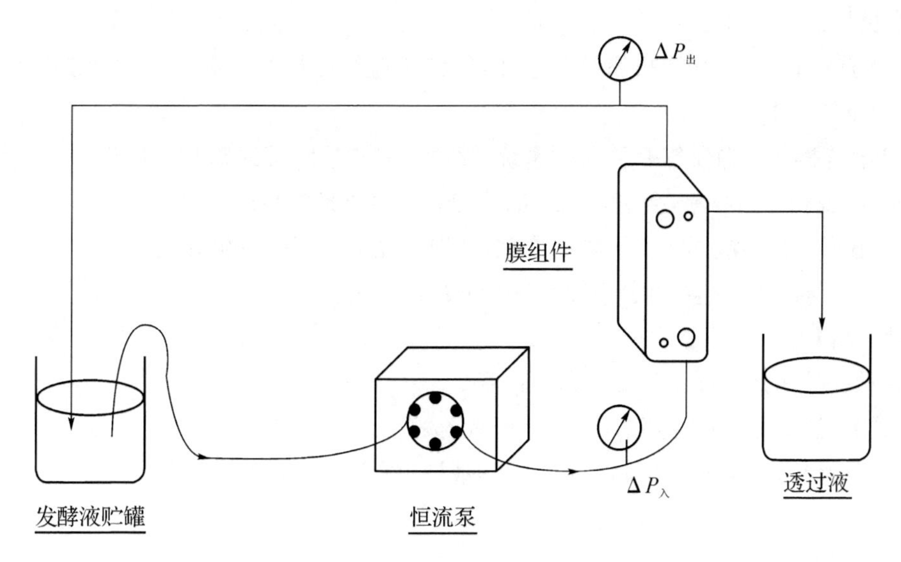

图 3－6　固液分离膜组件安装图

4. 膜组件的清洗和再生

放尽膜分离组件中的料液，向储罐中加入蒸馏水，用大量蒸馏水清洗膜组件。清洗过程可以加大流量，可以采取正洗和反洗的方式冲洗，以保证冲尽设备中残留的发酵液。若膜组件污染不严重，采取上述步骤即可将膜组件冲洗干净。

若膜组件污染严重，比如有肉眼可见的杂质残留或者通量变小且冲洗后没有改善，可以用 0.1 mol/L 氢氧化钠溶液代替蒸馏水按照上述方法清洗，然后用蒸馏水将氢氧化钠洗净，至流出液澄清为止。

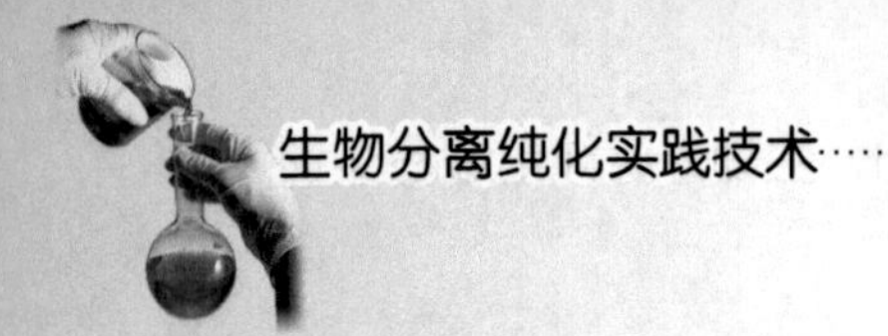

5. 膜组件的保养

放尽膜分离组件中的水，向储罐中加入保护液，启动蠕动泵将保护液充满膜组件。然后，停止操作，迅速拆下膜组件将所有进出口密封，防止保护液泄漏。在膜组件保存过程中，要保证保护液不泄漏，若泄漏后膜组件干燥则无法再生使用。

表 3-11　超滤记录表

超滤时间	压力(MPa)	贮罐体积(ml)	透过液体积(ml)

任务三　离子交换法回收谷氨酸

【实训目标】

(1) 知道蛋白质氨基酸层析系统的组成，能熟练进行层析系统和工作站的安装和连线，完成蠕动泵的流速校正。

(2) 能熟练操作蛋白质氨基酸层析系统并维护，完成柱层析的基本操作步骤，包括装柱、柱平衡、上样、洗脱和样品收集，会选择合适的检测方法对收集样品进行检测。

(3) 知道离子交换法回收谷氨酸的原理，能熟练完成树脂的再生和保存。

(4) 学习根据洗脱结果，对分离效果进行分析和评价。

【实训材料】

任务一处理过的树脂；任务二得到的料液。

主要试剂：氢氧化钠；浓盐酸；茚三酮；95%乙醇。

主要设备：蛋白质氨基酸层析系统（含贮液瓶、蠕动泵、玻璃层析柱和自动收集器）；精密pH试纸。

【操作步骤】

1. 配制试剂

(1) 茚三酮显色剂：2 g 水合茚三酮溶于95%乙醇中，加水定容至100 ml。

(2) 2 mol/L HCl。

(3) 4%氢氧化钠：取4 g 氢氧化钠溶解于100 ml 蒸馏水中。

(4) 1 mol/L HCl。

2. 层析系统的安装和调试

按照图 3-7，以贮液瓶→蠕动泵→层析柱→收集管的顺序正确连接层析系统连接。将蠕动泵的软管入口连接到装有蒸馏水的贮液瓶中，将蠕动泵的出口软管连接到层析柱的上端，层析柱的下端连接到自动收集器的入口。具体操作见“第二部分 第五章”中“实验一 自动液相层析仪使用练习”。

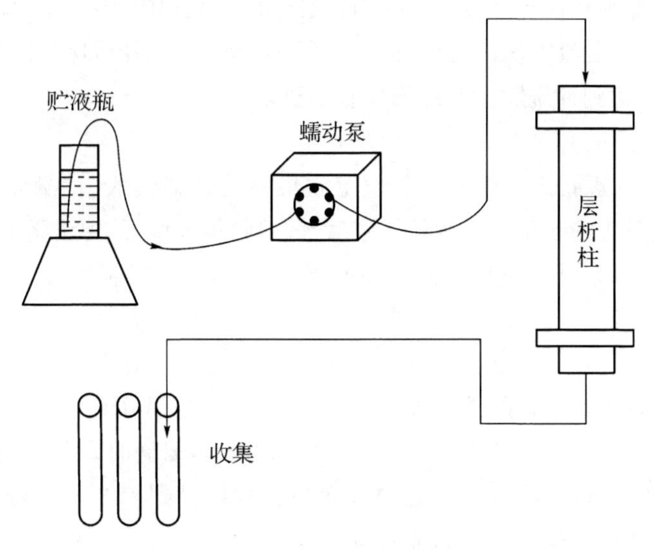

图 3-7 层析系统连接

3. 湿法装柱

关闭层析柱底部出口，柱内加入一定量蒸馏水，将处理过的树脂搅动后在悬浮状态下自顶部倒入柱中，适当打开柱子下端出口。整个过程连续不断加入一些树脂，柱内水慢慢流出，树脂在水中自由沉降。树脂沉积至所需高度后停止加入树脂，维持树脂上层一定高度液体 2～3 cm，关闭柱子下端出口，记录床体积。

注意：① 在装柱时必须防止气泡、分层及柱子液面在树脂表面以下等现象发生。保证离子交换树脂内部是个连续的均一体系。② 以下操作过程中，注意保持流速和防止液面在树脂表面以下，维持液面高出树脂表面 2～3 cm。③ 控制流速 1 ml/min。

4. 树脂转型和柱子平衡

启动蠕动泵，用 2 mol/L HCl 流洗柱内树脂，并用精密 pH 试纸不断测定流出液的 pH。至流出液 pH<0.5，即将柱内钠型树脂转化成氢型。然后，用水流洗柱内树脂，至流出液 pH 为中性后关闭柱子出口。

5. 上样

为了取得好的回收效果，将任务二得到的澄清料液 pH 调整为 1.5～1.7，倒入贮液瓶，启动蠕动泵，将料液慢慢加入到交换柱内，流出液用烧杯收集。收集流出液的过程中，不断用茚三酮显色剂检验柱下流出的液体，若出现紫红色的显色反应，证明有氨基酸流出，可以停止样品上柱。关闭柱下端出口，测量流出液体积并记录。

6. 洗柱

连接装有蒸馏水的贮液瓶，启动蠕动泵，洗涤柱内树脂以除去杂质。冲洗到流出液澄清后，

完成洗柱过程。

注意：为了更好地除去杂质，可以采用加热到 70 ℃的热蒸馏水冲洗。还可以改变层析系统的连接方式，让热蒸馏水从柱子底端进入柱内，反向冲洗树脂中的杂质，注意控制流速，防止树脂冲走。待树脂顶部的溢流液澄清，完成冲洗过程，树脂自然沉降后保持液面高出树脂表面2～3 cm。反向冲洗可以达到冲洗除杂和疏松树脂的双重目的。

7. 洗脱

贮液瓶中装入 4%氢氧化钠洗脱液。设定收集器的收集模式(计滴或者计时)、首管和末管，换上与收集模式对应的收集头。确认模式后，调整收集头位置，保证溶液滴出口在收集试管的正中间。按“START”开始进行洗脱和收集工作，注意控制洗脱速度不能太快，应在 1 ml/min之内。

8. 检测收集

按照设定，每管收集一定量的洗脱液。每管收集完毕之后，用茚三酮试剂检测管中洗脱液是否有谷氨酸，记录谷氨酸出现的管号。当管中检测不到谷氨酸时，停止洗脱和收集。

从含有谷氨酸的试管取样，测定谷氨酸浓度和 pH，记录到表 3-12，绘制洗脱曲线。合并含有谷氨酸的各管，待用等电点法精制谷氨酸。

表 3-12　离子交换法回收谷氨酸洗脱数据记录表

试管编号	1	2	3	4	5	6	7	8	9	10
体积										
累积洗脱体积										
谷氨酸浓度										
pH										

9. 树脂处理和保存

用热蒸馏水正洗离子交换柱内树脂，至 pH 为 9。再用热蒸馏水反洗柱内树脂，至溢流液澄清且 pH 为中性，树脂自然沉降后保持液面高出树脂表面 2～3 cm。用 1 mol/L HCl 正洗，使柱内树脂转型成氢型，可以再用于谷氨酸的交换。

若再生效果不理想，可以增加酸的浓度到 2～4 mol/L，或者更换再生液，比如用饱和食盐水冲洗。

10. 层析系统维护

冲洗仪器各通道，尤其注意清洗检测器的吸收池。设备保证干净、干燥后盖上防尘罩。

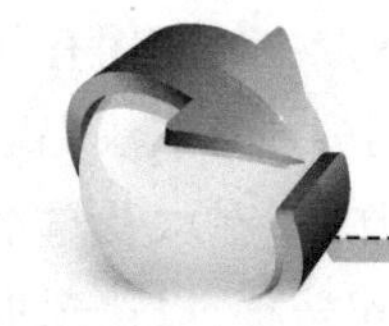

第三章　抗生素分离纯化实训

【知识准备】

19世纪70年代，法国的Pasteur发现某些微生物对炭疽杆菌有抑制作用，首次提出可以利用一种微生物抑制另一种微生物的现象来治疗某些感染性疾病。1928年，英国细菌学家Flemling发现了青霉素，这是最早发现的具有临床实用价值的抗生素。至今，已经从自然界发现和分离了几千种抗生素，并通过化学结构改造制备了约几万种半合成抗生素。其中，常用的抗生素包括青霉素类、头孢菌素类、四环素类、氨基糖苷类及大环内酯类等。我国是抗生素类原料药生产大国，目前国际上应用的主要抗生素我国基本上都有生产。

一、抗生素的生产过程

微生物是产生抗生素的主要来源，其中以放线菌产生的最多，占目前发现的抗生素的2/3，真菌和细菌产生的较少。抗生素的生产主要有以下三种方法：

第一种方式是生物合成法，是目前抗生素最主要的生产方法，就是利用微生物繁殖代谢过程产生所需抗生素。

第二种方法是化学合成法，少数抗生素，如氯霉素、磷霉素等，因为化学结构已经明确且结构较简单，可采用全化学方法进行合成。

第三种方法是半化学合成法，就是将生物合成法制得的抗生素用化学或生化方法进行分子结构改造获得其衍生物或新抗生素品种的方法，得到的产物称为半合成抗生素，如氨苄青霉素就是半合成青霉素的一种。

广义的抗生素还包括动植物中提取的抗生素。但是，动植物中提取的抗生素种类非常少，比如大蒜中的蒜素和动物脏器中的鱼素。

二、抗生素的提取

多数抗生素存在于发酵液中，所以处理的第一步就是用合适的方法除去菌体、一些大分子蛋白和金属离子。少数抗生素存在于菌丝中，要将发酵液经过预处理使抗生素从菌丝中析出转入发酵液后再进行固液分离。

抗生素发酵液上清中除了含有低浓度的抗生素（一般仅占发酵液体积的0.1%～5%，有些抗生素的浓度更低）外，还含有大量的其他杂质。这些杂质包括微生物未利用完的培养基和菌体的其他代谢产物等。这些杂质在发酵液中的浓度超过抗生素，甚至是抗生素浓度的百倍、千倍，所以抗生素的提取和精制是个复杂的工艺过程。由于多数抗生素稳定性差，且发酵液易被污染，所以抗生素的提取尽量选择较低的温度、合适的 pH 范围和较短时间内完成。从发酵液上清中提取抗生素的常用方法包括溶剂萃取法、离子交换法和沉淀法。

从第一个临床使用的抗生素青霉素的生产至今，溶剂萃取在抗生素提取中的应用有几十年的历史，除了青霉素外包括红霉素、麦迪霉素、林可霉素等抗生素都可以用溶剂萃取法提取。利用抗生素在不同 pH 条件下分别以游离酸、碱或者盐这些不同的状态存在时，在水及与水互不相溶的有机溶剂中溶解度不同的性质，使抗生素在发酵液相和有机溶剂相转移，以达到提纯和浓缩的目的。由于发酵液成分复杂，所以萃取过程中最大的问题就是乳化，一般通过破乳剂来解决。溶剂萃取法的优点是浓缩倍数大、产品纯度高、能连续生产且周期短。但对设备要求高，溶剂消耗多，成本高，且需要溶剂回收和相应防火防爆措施。

很多抗生素都可电离为阳离子或阴离子，所以可以使其与离子交换树脂交换吸附到树脂上，再用洗脱剂(酸碱或有机溶剂)洗脱，以达到浓缩和提取的目的。对于链霉素、卡那霉素这些碱性抗生素，可以利用阳离子交换树脂来提取。而酸性抗生素可以利用阴离子交换树脂来提取。离子交换法的优点是成本低、设备简单、操作方便，但生产周期较长、pH 变化大，对某些稳定性差的抗生素不太适宜。

沉淀法是利用某些抗生素在一定条件下与某些酸碱、金属离子形成不溶性或溶解度很小的复盐而析出，或利用某些抗生素的两性使其在等电点时沉淀的提取方法。例如，四环素在等电点时形成游离碱沉淀，或在碱性条件下与钙、镁、钡等金属离子形成盐类沉淀，获得沉淀后改变溶液环境使其溶解。

三、抗生素的精制

用结晶和重结晶的方法进行抗生素的精制，可以得到较纯的抗生素晶体。结晶之前常常需要将提取液进行浓缩，从而提高抗生素的浓度，可采用真空浓缩和薄膜蒸发浓缩来处理。结晶和重结晶之后通过过滤得到抗生素晶体，需要进行干燥。由于抗生素多数热稳定性比较差，而且产品质量要求高，所以选择干燥方法时要综合考虑物料性质、产品要求和生产规模。可以用于抗生素干燥方法有：减压干燥、喷雾干燥、气流干燥和冷冻干燥，也有使用常压干燥固定床和红外线干燥。

由于应用到临床的抗生素，尤其是注射用的抗生素，要保证成品中没有微生物和其他异物，而无菌抗生素原料药的制备也要确保无菌、异物不超标，所以抗生素精制过程中要除去色素、热原和微生物。由于抗生素性质的限制，通常不能采取高压高热的灭菌法，只能采取除菌过滤、无菌室结晶、环氧乙烷灭菌等方法。可以利用活性炭去除色素，同时也可去除热原。除了用活性炭之外，很多抗生素的溶液还可以通过离子交换树脂、葡聚糖凝胶色谱和超滤脱色和去热原。而且，抗生素药品的精制、烘干和包装阶段要符合《药品生产质量管理规范》(GMP)的要求。

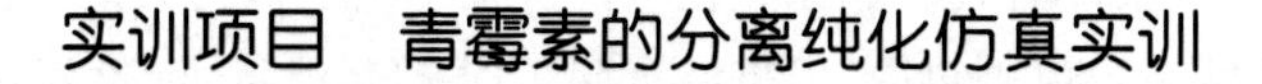

实训项目 青霉素的分离纯化仿真实训

【项目背景】

青霉素是最早用于临床的抗生素，是从青霉菌培养液中提取的分子中含有青霉烷，能破坏细菌的细胞壁并在细菌繁殖期起杀菌作用的一类抗生素。1928 年细菌学家弗莱明发现青霉素之后，1941 年病理学家霍华德和生物化学家钱恩对青霉素进行分离纯化，首先用于二战战场并且拯救了无数伤兵的生命。

青霉素的结构与细胞壁的成分粘肽结构中的 D-丙氨酰-D-丙氨酸结构类似，可以与后者竞争转肽酶，阻碍粘肽形成。通过干扰细菌细胞壁的合成，使得细胞壁缺损，对细菌起到杀灭作用。

最初产生青霉素的是弗莱明分离的点青霉菌，但是生产能力低不能满足工业生产要求，经过诱变之后才能达到工业生产所需的水平。目前，青霉素生产菌种有黄色孢子和绿色孢子两种产黄青霉，深层培养菌丝形态为球状或丝状，我国使用的主要是丝状。

【实训原理】

1. 青霉素发酵液预处理

青霉素发酵液中的杂质如高价无机离子（Fe^{2+}、Ca^{2+}、Mg^{2+}）和蛋白质在离子交换的过程中不利于树脂对抗生素的吸收，蛋白质的存在会使溶剂萃取时产生乳化。对高价离子的去除，可采用草酸或磷酸。如加草酸时，它与钙离子生成的草酸钙还能促使蛋白质凝固以提高发酵滤液的质量。如加磷酸（或磷酸盐），既能降低钙离子浓度，也利于去除镁离子。

$$Na_5P_3O_{10} + Mg^{2+} \longrightarrow MgNa_3P_3O_{10} + 2Na^+$$

黄血盐和硫酸锌，前者有利于去除铁离子，后者有利于凝固蛋白质。此外，两者还有协同作用。它们所产生的复盐对蛋白质有吸附作用。

$$2K_4Fe(CN)_6 + 3ZnSO_4 \longrightarrow K_2Zn[Fe(CN)_6]_2 \downarrow + 2Na^+$$

为了有效去除发酵液中的蛋白质，需加入絮凝剂。絮凝剂是一种能溶于水的高分子化合物。含有很多离子化基团（如$—NH_2$，—COOH，—OH）。

2. 青霉素提取

青霉素游离酸易溶于有机溶剂，而青霉素盐易溶于水。利用这一性质，在酸性条件下将青霉素转入有机相中，然后调节 pH 至碱性，再将青霉素盐转入中性水相，反复几次萃取，即可提纯浓缩。分离过程中要选择对青霉素分配系数高的有机溶剂，工业上通常用醋酸丁酯和戊酯萃取 2～3 次。从发酵液萃取到乙酸丁酯时，pH 选择 2.8～3.0，从乙酸丁酯反萃到水相时，pH 选择 6.8～7.2。为了避免 pH 波动，采用硫酸盐、碳酸盐缓冲液进行反萃。所得滤液多采用二次萃取，用 10%硫酸调 pH 为 2.8～3.0，加入醋酸丁酯。在一次丁酯萃取时，由于滤液含有大量蛋白，通常加入破乳剂防止乳化。第一次萃取，存在蛋白质，加 0.05%～0.1%乳化剂 PPB。

3. 青霉素精制

脱色和去热原是精制注射用青霉素中不可缺少的一步。色素是在发酵过程中所产生的代

谢产物,它与菌种和发酵条件有关。热原是在生产过程中由于被污染后杂菌所产生的一种内毒素。生产中一般用活性炭脱色去热原,但需注意脱色时 pH、温度、活性炭用量及脱色时间等因素,还应考虑它对抗生素的吸附问题,否则影响收率。

青霉素钠盐在醋酸丁酯中溶解度很小,利用此性质,将二次醋酸丁酯萃取液中加入醋酸钠乙醇溶液并控制温度,青霉素钠盐就结晶析出,反应式见图 3-8。

$$R{-}COHN{-}[\text{青霉烷环: S, N, O, } CH_3, CH_3, COOH] + CH_3COONa \longrightarrow R{-}COHN{-}[\text{青霉烷环: S, N, O, } CH_3, CH_3, COOK] + CH_3COOH$$

图 3-8　青霉素结晶反应式

醋酸丁酯中含水量过高会影响收率,但可提高晶体纯度。水分在 0.9%以下对收率影响较小。得到的晶体要求颗粒均匀,有一定的细度。颗粒太细会使过滤、洗涤困难。晶体经丁醇洗涤、真空干燥即可得到成品。

各工序的主要工艺指标见表 3-13。

表 3-13　青霉素提取分离主要工艺指标

编　号	指　标	推荐值
	一次 BA 萃取	
1	醋酸丁酯(BA)用量	青霉素溶液的 1/3
2	pH	2.8～3.0
3	破乳剂用量	100 kg
4	重相液位	80%
	一次反萃取	
1	碳酸氢钠用量	青霉素溶液的 2.5
2	pH	6.8～7.2
3	重相液位	80%
	二次 BA 萃取	
1	醋酸丁酯(BA)用量	青霉素溶液的 1/3
2	pH	2.8～3.0
3	重相液位	80%
	脱色罐	
1	活性炭用量	25 kg
	结晶罐	
1	结晶温度	5 ℃
2	丁醇用量	500 kg
3	青霉素钠盐晶体效价	1 670 μ/ml

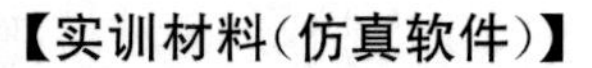

【实训材料(仿真软件)】

青霉素发酵工艺仿真软件(软件由北京东方仿真有限公司开发。在线仿真系统网址和试用账号请访问 www. simnet. net. cn)。

【实训目标】

(1) 知道青霉素的工业生产中预处理、萃取法提炼的原理和方法,能熟练操作青霉素的预处理、萃取和精制过程,并熟悉每个工艺的关键控制参数。

(2) 通过仿真实训,学会预处理罐、混合罐、结晶罐、洗涤罐、干燥机几种设备的操作。

(3) 训练操作技巧,并通过事故处理培养同学们对操作条件的控制能力,对技术参数变化的判断处理能力。

任务一　发酵液的预处理

【实训目标】

(1) 知道发酵液预处理罐和转筒过滤器的结构和阀门,熟悉各个阀门开关控制的操作。

(2) 能准确加料到预处理罐,熟练去除发酵液中的铁离子、镁离子和蛋白质,能控制反应剂的用量。

(3) 能熟练完成过滤操作,去除发酵液中的菌体。

【主要材料】

青霉素发酵液。

主要试剂:黄血盐;磷酸盐;絮凝剂。

主要设备:发酵液预处理罐;转筒过滤器。

【操作步骤】

操作界面和各操作步骤中设备和阀门相对位置见图 3-9。

1. 加发酵液

打开预处理模块,找到“发酵液的预处理和过滤”,然后点击打开发酵液阀 V14,向预处理罐加发酵液,加发酵液时右上角的罐重在增加,等罐重达到 5 000 T 时,关闭阀 V14。

注意:若等罐重达到 5 000 T 时再关闭阀 V14,这样罐重还会增加一些,若控制不好造成发酵液过多,后期加入其他料液之后会引起满罐。所以,在罐重没达到 5 000 T 时就应该关闭阀 V14,通常在罐重为 4 800 T 时关闭 V14。

2. 开搅拌器

点击预处理罐上方搅拌器开关,绿灯亮起则搅拌器打开。

3. 去除铁离子、镁离子和蛋白质

鼠标点击阀门 V13,打开黄血盐阀,向预处理罐添加黄血盐,去除铁离子,调整阀门开度,使发酵液中铁离子恰好反应完全为止关闭阀门 V13。以同样的方法打开阀门 V12 添加磷酸盐、打开阀门 V11 添加絮凝剂,分别去除发酵液中的镁离子和蛋白质。

注意:① 阀门 V11、V12、V13,都是可以随便调整大小的阀门,最大开度为 100,因为要求恰

好使铁离子、镁离子、蛋白质反应完全且反应液不过量。阀门开度太大容易造成加液过量，阀门开度太小会造成操作时间延长，所以阀门开度控制非常重要。② 三个阀门开度相同时，铁离子和镁离子的下降速度比蛋白质的下降速度慢。所以在控制时，黄血盐和磷酸盐去除时阀门开度比去除蛋白质时的阀门开度略大。③ 待铁离子、镁离子和蛋白质浓度下降到浓度很低时，可以将阀门开度调整到很小，比如在 5 以下，使浓度缓慢降为零再关闭阀门。

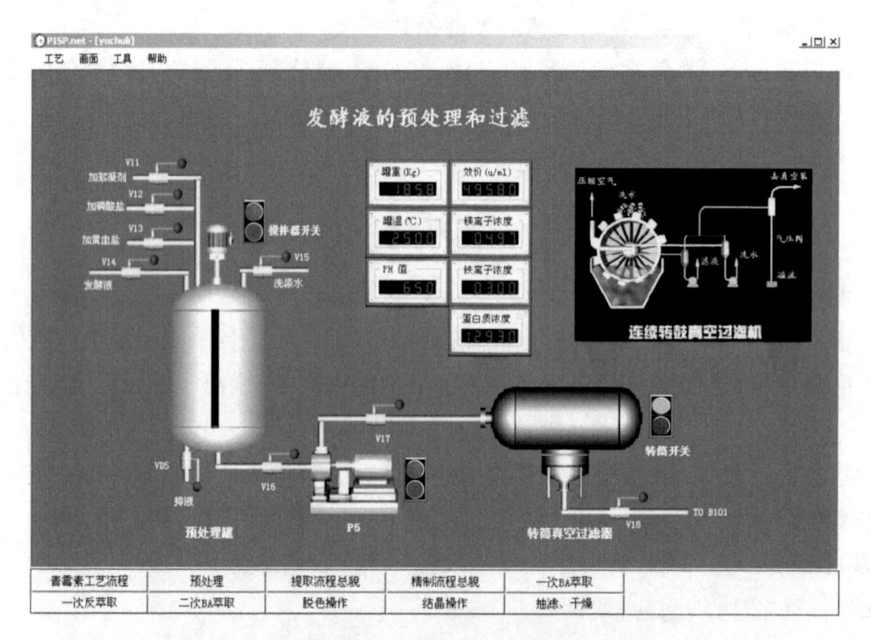

图 3-9　青霉素发酵液预处理操作软件界面

4. 过滤

打开阀门 V17 并输入合适的开度，然后点击打开泵 P5，绿灯亮起表示泵已打开，再打开阀门 V17，让发酵液流入转筒真空过滤器。打开过滤器开关，开始过滤发酵液。打开阀门 V18，让已过滤的发酵液流入一次 BA 萃取的混合罐 B101。

待预处理罐罐重降为零时依次关闭阀 V18、过滤器开关、阀 V17、泵 P5、阀 V16，所有阀门关闭后，点击预处理罐搅拌器开关，红灯亮起表示搅拌器已关闭。

注意：为了节约操作时间，可以适当增大过滤操作各个阀门的开度。

任务二　萃取法提取青霉素

【实训目标】

（1）知道一次 BA 萃取、反萃取和二次 BA 萃取提取纯化青霉素的原理。

（2）知道各个混合罐和分离罐的结构和阀门，熟悉各个阀门开关控制的操作。

（3）能准确加料反应罐，熟练完成一次萃取、反萃取和二次 BA 萃取操作。

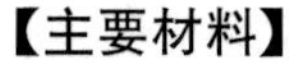

【主要材料】

任务一得到的发酵液过滤后清液。

主要试剂:醋酸丁酯;硫酸;破乳剂;碳酸氢钠。

主要设备:混合罐;分离罐。

【操作步骤】

1. 一次 BA 萃取

操作界面和各操作步骤中设备和阀门相对位置见图 3 - 10。

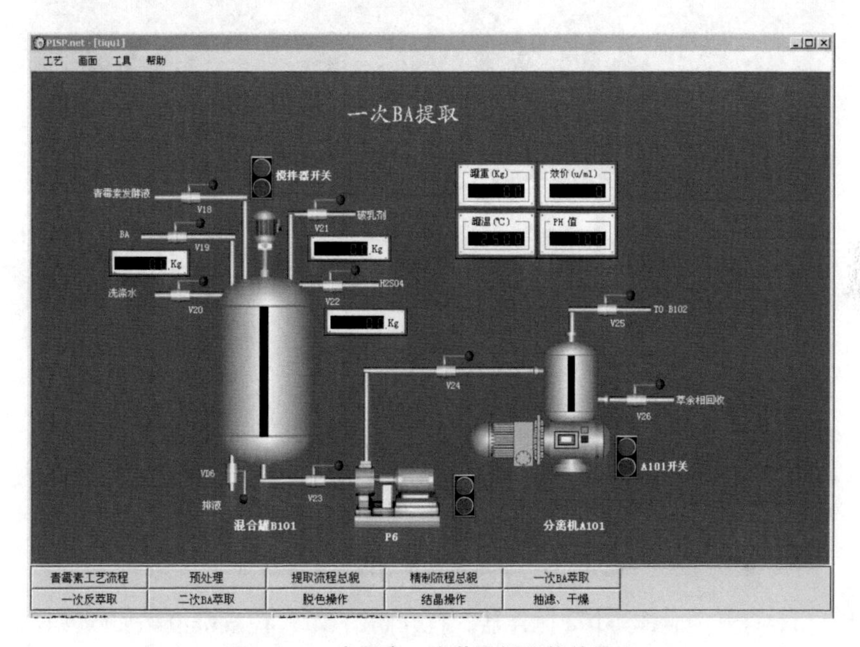

图 3 - 10 青霉素一次萃取操作软件界面

(1) 加 BA(醋酸丁酯):打开混合罐搅拌器开关,点击绿灯后绿灯亮起表示已开。

先观察混合罐罐重,计算罐重 1/3 的质量。然后打开阀 V19,往混合罐中添加 BA,添加量为罐重的 1/3,然后关闭阀 V19。

注意:添加 BA 过量容易满罐,加少造成反应不完全会影响效价,罐重 1/3 左右最好,应按照罐重进行计算,并注意控制阀门开度。

(2) 调节 pH:打开硫酸阀门 V22。调节发酵液的 pH 在 2.8～3.0 之间(最好为 2.8),然后关闭阀 V22。

(3) 加破乳剂:打开阀门 V21,向发酵液添加破乳剂 100 kg 之后,关闭阀门。

(4) 萃取:打开阀门 V23、V24 及泵 P6,向分离机注液。待分离机有液位出现时,立即打开分离机 A101 的开关。观察到液体开始分层,打开萃余相回收阀 V26 及一次反萃取进料阀门 V25,调节阀门开度,控制重箱液位为总液位的 80%左右。待混合罐 B101 液体排空后,关闭阀 V23、V24 及泵 P6,停止混合罐 B101 搅拌器。待分离机 A101 液体排尽后关闭阀 V26、V25,之后关闭分离机 A101 开关,一次 BA 萃取结束。

注意：控制阀门 V23、V24、V26、V25 开度，最重要的是控制重相液位为 80%左右，使轻相液能充分溢流至 B102。液位若高于 80%，应该增大 V26 开度或降低进料速度，反之，则应减少 V26 开度或加大进料速度。

2. 一次反萃取

操作界面和各操作步骤中设备和阀门相对位置见图 3 - 11。

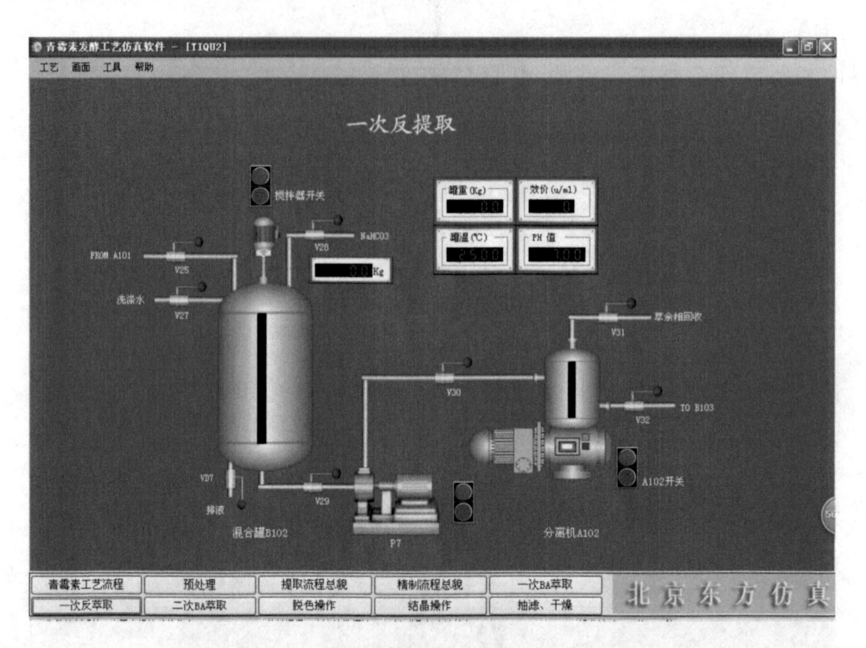

图 3 - 11　青霉素反萃取操作软件界面

(1) 调节 pH：打开混合罐 B102 搅拌器。打开阀门 V28，往发酵液添加碳酸氢钠溶液，质量为发酵液溶液的 3～4 倍，并调节 pH 到 6.8～7.2，关闭阀门 V28。

(2) 萃取：打开阀门 V29、V30 及泵 P7，向分离机 A102 注液。观察到分离机有液位时，迅速打开 A102 开关，这时液体会出现分层，然后打开萃余相回收阀 V32 及二次 BA 萃取进料阀门 V31，调节阀门开度，控制重箱液位为总液位的 80%左右。待混合罐液体排空后，关闭阀门 V29、V30 及泵 P7，关闭搅拌器开关。

待分离机重相液位还有少量时关闭阀门 V31，然后关闭分离机开关及阀门 V32，防止轻液流入混合罐 B103 中。一次反萃取结束。

3. 二次 BA 萃取

操作界面和各操作步骤中设备和阀门相对位置见图 3 - 12。

(1) 调节 pH 值：打开混合罐 B103 搅拌器。打开阀 V33，加 BA(醋酸丁酯)质量为发酵液的 1/4～1/3 倍。关闭阀 V33。

注意：参照第一次加入 BA 的注意事项操作。

(2) 调节 pH：打开阀 V35，加稀硫酸调节 pH。待 pH 调节至 2～3 时，关闭阀 V35。

(3) 萃取分离：打开阀 V36、V37 及泵 P8。待分离机中有液位时，迅速打开 A103 开关。观

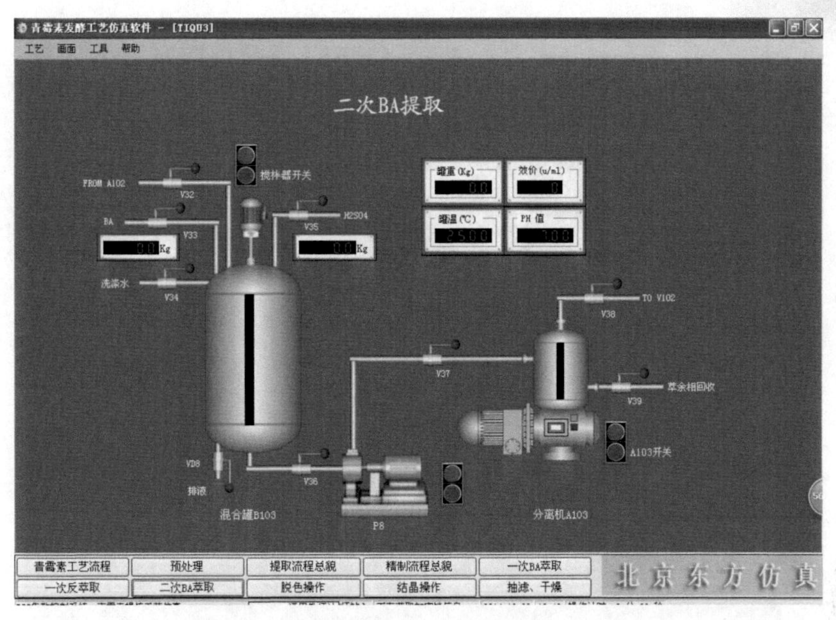

图 3-12 青霉素二次萃取操作软件界面

察到液体开始分层，打开萃余相回收阀 V39 和脱色罐进料阀门 V38，调节 V39 阀门开度，控制重相液位在总液位 80%左右，使轻相液能充分溢流至脱色罐中。

待混合罐 B103 液体排空后，关闭阀 V36、V37 及泵 P8。停止混合罐 B103 搅拌器。待分离机 A103 中液体排尽后，关闭阀 V39。关闭分离机 A10 开关和阀门 V38，二次 BA 萃取操作结束。

任务三 青霉素的精制操作

【实训目标】

(1) 知道活性炭去除杂质、结晶法精制青霉素的原理。

(2) 知道脱色罐、结晶罐、真空抽滤机、洗涤罐和真空干燥机的结构和阀门，熟悉各个阀门开关控制的操作。

(3) 能准确加料，熟练完成精制操作。

【主要材料】

任务二得到的萃取相。

主要试剂：活性炭；醋酸钠；乙醇。

主要设备：脱色罐；结晶罐；真空抽滤机；洗涤罐；真空干燥机。

【操作步骤】

1. 脱色

操作界面和各操作步骤中设备和阀门相对位置见图 3-13。

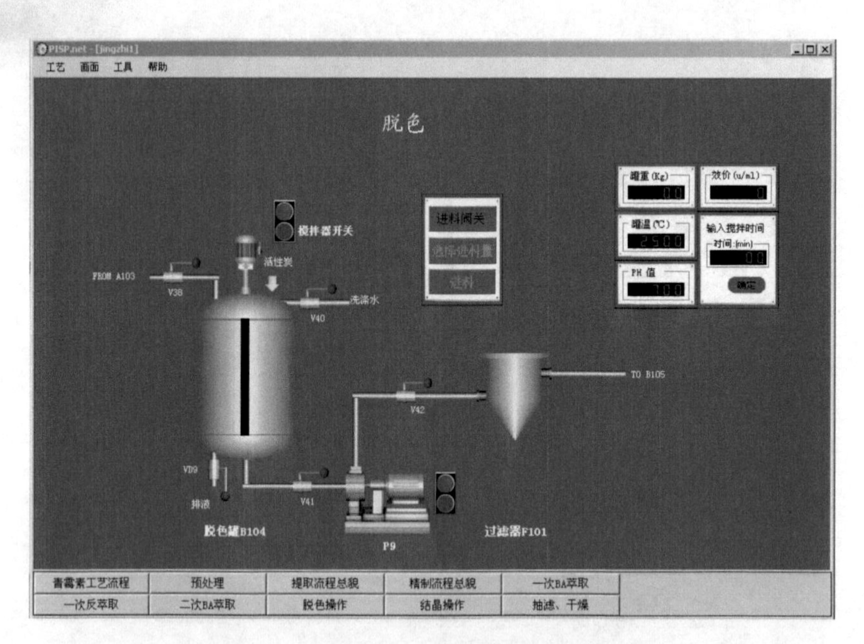

图 3-13　青霉素料液脱色操作软件界面

(1) 加活性炭:打开脱色操作界面,点击"进料阀关"框后显示为"进料阀开"即已打开进料阀,然后点击"选择进料量",在出现的对话框里输入 25(输入进料 25 kg 的指令),然后点回车,关闭窗口,再点击"进料",3 秒钟之后,窗口中出现"进料结束",关闭进料阀。

(2) 搅拌脱色:打开脱色罐搅拌器,在右上角输入搅拌时间设置数值 10 点击回车(输入搅拌时间 10 min 指令)。注意观察搅拌时间在减少,减到零后,打开阀门 V41、V42 及泵 P9,将青霉素溶液经过过滤器排至结晶罐。待脱色罐液体全部排完后,关闭阀门 V41、V42 及泵 P9,停止脱色罐搅拌器。

2. 结晶

操作界面和各操作步骤中设备和阀门相对位置见图 3-14。

启动结晶罐搅拌器。打开阀 V43,向结晶罐中加入醋酸钠-乙醇溶液。观察青霉素浓度,待青霉素刚好反应完时,关闭阀 V43。

打开冷却水阀 V44 及 VD10,控制结晶罐温度为 5 ℃以下,并输入保持时间,保持 10 min。

3. 抽滤

打开阀 V45、V46 及泵 P10,将结晶液排至真空抽滤机进行抽滤。待真空抽滤机中上层液位达到 50%左右后,迅速打开真空阀 V47,进行抽滤。同时打开 V48,回收母液。

待结晶罐中液体排空后,关闭阀 V45、V46 及泵 P10,停止结晶罐搅拌器。抽滤完成后关闭真空阀 V47,待母液全部回收后关闭阀 V48。

4. 洗涤晶体

点击"移出晶体"按钮,将抽滤后的晶体移入洗涤罐。打开阀门 V49,加 500 kg 丁醇,然后关闭阀 V49。

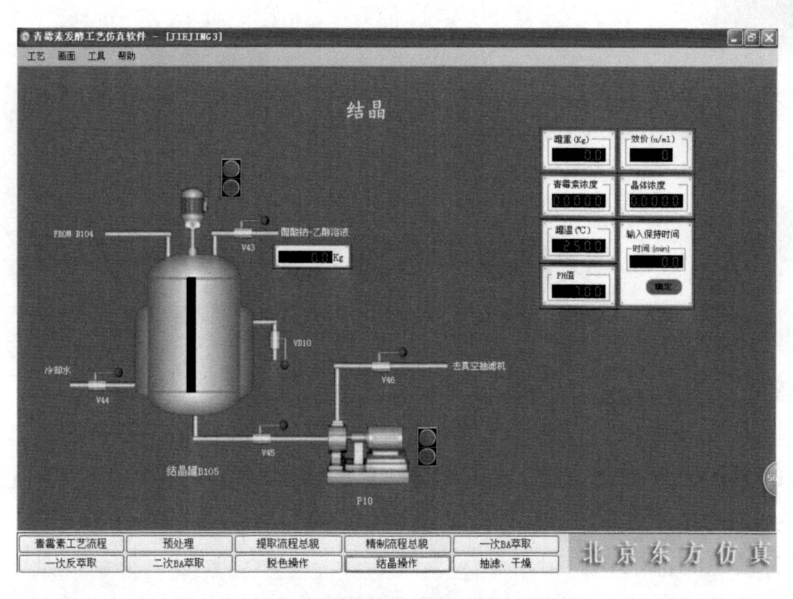

图 3-14 青霉素结晶操作软件界面

启动洗涤罐搅拌器，在右上方“输入保持时间”里输入 8 min，点击回车(设置洗涤时间为 8 min)。等待显示时间变为零时，关闭搅拌器，设定保持时间 10 min。显示时间变为零后，打开阀 V50 排出废洗液，排尽后关闭阀 V50。

5. 干燥

点击“移出晶体”。将洗涤后的晶体移至真空干燥机，启动干燥机，设定时间为 20 min，20 min之后关闭干燥机开关，停止干燥，提取工艺结束，得到干燥的青霉素钠晶体。

抽滤、洗涤和干燥操作界面和各操作步骤中设备和阀门相对位置见图 3-15。

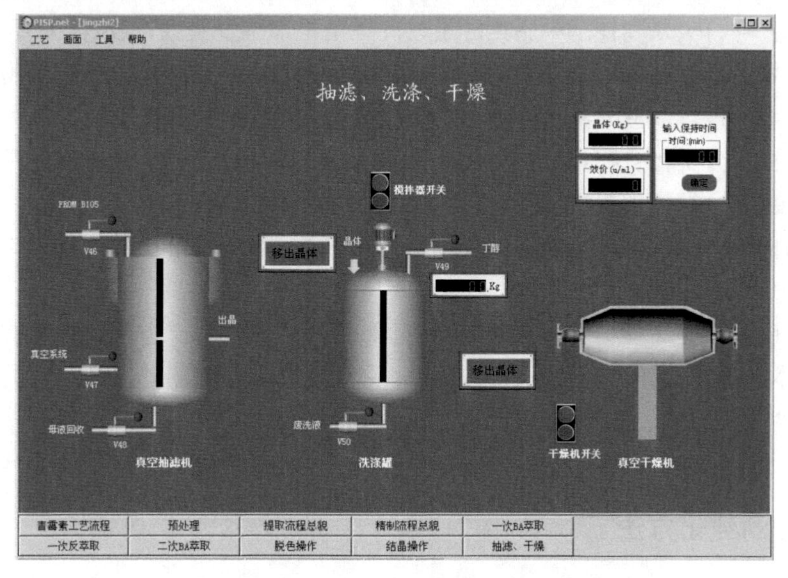

图 3-15 青霉素晶体抽滤、洗涤和干燥操作软件界面

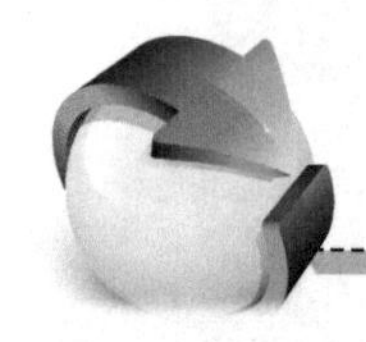

第四章　多糖分离纯化实训

【知识准备】

多糖(polysacharides,PS),又称多聚糖,是由10个以上的单糖通过糖苷键连接而成,具有广泛生物活性的天然大分子化合物。它广泛分布于自然界高等植物、藻类、微生物(细菌和真菌)与动物体内。自从20世纪50年代末真菌多糖的抗肿瘤活性被发现以来,人们逐渐发现多糖具有复杂多样的生物活性和功能。

多糖最突出而普遍的功能就是对机体免疫功能的调节作用,可以用来治疗风湿病、慢性病毒性肝炎等。多糖通过增强机体的免疫功能还可以达到抗病毒和杀伤肿瘤细胞的目的。比如,香菇多糖、灵芝多糖、南瓜多糖、人参多糖可抗肿瘤和增强人体免疫功能。此外,多糖还有抑菌抗炎、抗衰老、抗凝血、降血脂等作用。多糖不仅具有上述这些独特的功能,而且作为药物毒性极小,所以多糖作为新药发展方向具有广阔的应用前景。

一、多糖的提取

从生物物质中提取多糖,首先要根据被提取材料的性质和多糖的存在位置,考虑是否要进行预处理。动物多糖一般都被脂类物质包围,提取之前要先进行脱脂处理使多糖释放出来。植物材料中根、茎、叶、花、果和种子中脂类含量较高且植物细胞壁坚韧,提取前需要进行脱脂和细胞破壁。微生物多糖有胞内和胞外多糖,胞内和胞壁多糖的提取首先应破碎细胞,胞外多糖的提取只要对发酵液进行固液分离后除去菌体得到上清,然后再选择合适的方法提取多糖。

多糖是极性大分子化合物,易溶于水,不溶于乙醇。常用的提取方法有热水浸提、稀碱液浸提法、稀酸液浸提法、超声抽提法、酶提法,以及超临界流体萃取法。由于多糖是由单糖基通过糖苷键连接而成,在稀酸、稀碱环境中易发生糖苷键断裂、多糖水解而造成提取率减少。所以,最常用的方法是热水浸提法。

酶解法可以大大提高多糖的提取效率,并且降低蛋白质含量。但酶的价格较贵,温度控制严格,操作成本较高。比如,利用酶法提取香菇多糖,可以将香菇粉碎、加水后加入中性蛋白酶酶解,然后过滤收集滤液。另外,还可以通过微波和超声波的作用,加速多糖的溶出,可以提高提取率。

二、多糖的纯化方法

通过上述方法提取的多糖是混合物,称为粗多糖。粗多糖中往往混杂着蛋白质、色素、低聚糖等杂质，必须分别除去，纯化之后产品的纯度一般可以通过凝胶色谱法、旋光法、高压电泳法等测定。

1. 除蛋白

Sevag 法是除蛋白的经典方法，利用蛋白在氯仿等有机溶剂变性而不溶于水的特点。将多糖水溶液、氯仿、戊醇（或正丁醇）之比调为 25∶5∶1 或 25∶4∶1，混合物剧烈振摇，蛋白质与氯仿-戊醇（或正丁醇）生成凝胶物而分离，然后除去水层和溶剂层交界处的变性蛋白质。该法温和，能避免多糖降解，但效率不高，且每次除去蛋白质变性胶状物时不可避免溶有少量多糖，另外少量多糖与蛋白质结合形成的蛋白聚糖和糖蛋白在处理时会沉淀，造成多糖的损失。

酶解法是往提取液中加入蛋白质水解酶，如胃蛋白酶、胰蛋白酶、木瓜蛋白酶、链霉蛋白酶等，使提取液中的蛋白质降解的方法。通常将其与 Sevag 法综合使用，能弥补两种方法的不足，除蛋白质效果较好。

2. 除色素

最常用的方法是活性炭除色素。活性炭有较强吸附能力，适用于水提取液除色素。但活性炭会吸附多糖，造成多糖的损失。植物多糖可能含有酚型化合物而颜色较深，这类色素大多为负离子，不能用活性炭吸收剂脱色，可用弱碱性树脂 DEAE 纤维素除色素。发酵液提取的微生物多糖如果颜色较浅、色素含量较少，可不除色素。

3. 分级沉淀法

根据不同分子量的多糖在不同浓度的低级醇或丙酮中具有不同溶解度的性质，逐渐提高溶液中醇或酮的浓度，使混合物中的多糖按照分子量由大到小的顺序分级沉淀出来。收集的沉淀经反复溶解与沉淀后，进一步除去杂质。这种方法适合于分离各种溶解度相差较大的多糖。

4. 盐析法

在多糖水提液中，加入无机盐使其达到一定浓度使多糖在水中溶解度降低沉淀析出，与其他水溶性杂质分离。常用于多糖盐析的无机盐的有氯化钠、硫酸钠、硫酸镁、硫酸铵等。

5. 膜分离法

利用不同孔径的膜排阻不同分子量的多糖，使不同分子量的多糖分离出来，常用的有超滤和微滤技术。

6. 柱层析

常用于分离多糖的柱层析包括凝胶柱层析和离子交换柱层析。凝胶柱层析可以分离不同分子量的多糖（黏多糖不适合用凝胶层析），利用 DEAE -纤维素、DEAE -葡聚糖凝胶、DEAE -琼脂糖凝胶能分离各种酸性、中性多糖和黏多糖。

实训项目　香菇多糖的分离纯化

【项目背景】

香菇多糖是从担子菌纲、伞菌科真菌香菇的子实体中提取分离得到的一种葡聚糖。香菇是全球人工种植最普遍的食用菌之一，我国明代医药家李时珍在《本草纲目》中就有关于香菇的介绍:“香菇乃食物中佳品,味甘性平,能益胃及理小便不禁”。民间一直用香菇作为小儿天花和麻疹的辅助治疗。到目前为止,香菇多糖仍主要从香菇子实体中提取。因为香菇子实体的生长周期长、产量低,而且受环境条件的影响,导致香菇多糖的生产成本较高,价格昂贵。

香菇多糖最引人关注的作用是抗肿瘤和免疫调节作用。香菇多糖对调节人体免疫功能的T细胞有促进作用,能活化巨噬细胞和刺激抗体形成,降低甲基胆蒽诱发肿瘤的能力,所以对癌细胞有强烈的抑制作用。与其他抗肿瘤药物相比,香菇多糖几乎无任何副作用,可用于不能手术和复发后的肿瘤病人,或放疗、化疗和手术后的康复治疗。除此之外,香菇多糖还具有护肝解毒、抗病毒、抗血小板凝集和抗感染等作用。

【实训原理】

用于提取香菇多糖的香菇子实体通常是干品,采购时应选择没有虫蛀没有霉点比较干燥的产品。也可以采购市售新鲜香菇,清洗后进行干燥得到干品。提纯流程见图 3-16。为了便于粉碎可以将市售干香菇进行干燥,干燥至恒重后粉碎,再用热水进行提取,提取之前用微波或超声波处理进行辅助可以提高多糖的提取率。提取液经过浓缩后用乙醇沉淀得香菇多糖提取液。

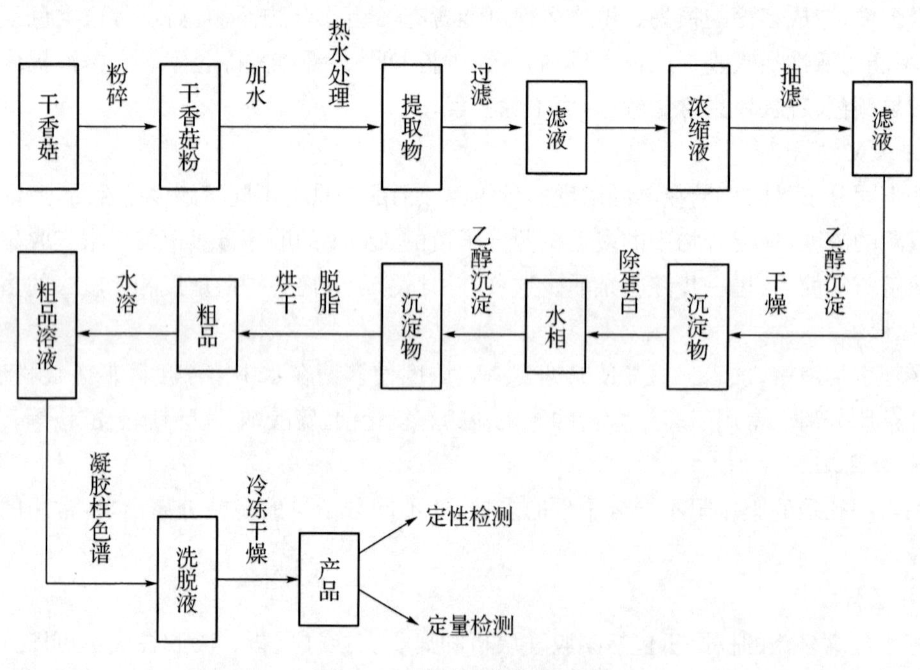

图 3-16　香菇多糖提纯流程

热水提取法得到的香菇提取液中的蛋白和脂肪含量较高,提取液颜色较深,所以提取液要经过脱脂、除蛋白和脱色处理。本项目采用活性炭脱色、Sevag 法除蛋白,醇沉后干燥得到香菇多糖粗品。活性炭是常用的吸附剂,处理香菇多糖溶液除了能脱色之外,还能除去异味。香菇提取液的脂肪可以用石油醚和乙醇、乙醚等低极性溶剂除去脂溶性杂质,经过脱脂之后干燥得到香菇多糖粗品。最后,通过葡聚糖凝胶柱层析对香菇多糖粗品进行精制,得到较纯的产品,苯酚-硫酸法进行检测。

任务一 香菇多糖提取液制备

【实训目标】

(1) 掌握热水提取香菇多糖的原理和超声波辅助处理的原理。

(2) 能熟练完成从市售香菇中提取香菇多糖的操作过程。

(3) 能熟练操作提取过程涉及的各种设备,并注意维护。

【实训材料】

市售无虫蛀和霉变的优质干香菇(或者选择新鲜香菇烘干后使用);纱布。

主要试剂:蒸馏水。

主要设备:干燥箱;电子天平;小型粉碎机;超声波清洗器;旋转蒸发器;高速冷冻离心机。

【操作步骤】

1. 原料处理

将香菇洗净后在 60 ℃干燥至恒重,用小刀尽量切碎,再用小型粉碎机进行粉碎。称取香菇干粉 10 g 放入烧杯,按照 1∶20(w/w)的比例加入水,混合均匀。

2. 超声波处理

将盛有上述料液的烧杯放入超声波清洗器内,用 150 W 超声波处理 15 min。

3. 热水提取

将超声处理过的料液加热至沸腾后,用小火煮沸 1 h 进行提取。

注意:热水提取过程中用玻璃棒不断搅拌料液,避免料液黏底;间歇加入少量蒸馏水,保证提取液体积不变。

4. 去除残渣

热水提取的料液冷却后,用 8 层纱布过滤,去除料液中的固体残渣,上清液转入圆底烧瓶。

5. 提取液浓缩

将装有提取液的圆底烧瓶置于旋转蒸发仪上,设置浓缩条件为−0.1 MPa、60 ℃对提取液进行浓缩。待浓缩液提取为 50 ml 左右,停止浓缩操作,将浓缩液在 10 000 r/min 离心20 min,弃沉淀,得到香菇多糖提取液。

任务二 香菇多糖初步除杂

【实训目标】

(1) 掌握香菇多糖提取液除蛋白、脱色、脱脂和水提醇沉的原理。

(2) 能熟练完成香菇多糖粗提液的初步纯化操作。

【实训材料】

任务一得到的香菇多糖提取液。

主要试剂:颗粒活性炭或粉末活性炭(使用前应于 160 ℃处理 4~5 h 进行活化);95%乙醇;氯仿;正丁醇;无水乙醇;乙醚;丙酮。

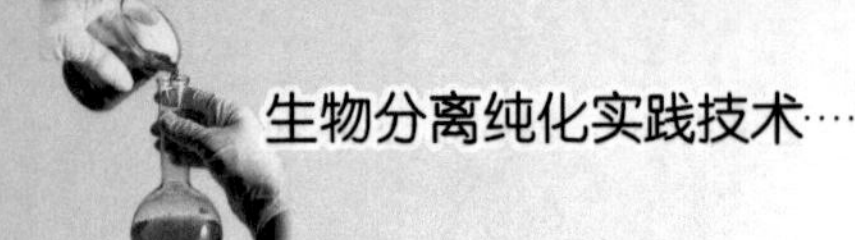

主要设备：恒温水浴锅；抽滤装置；高速冷冻离心机；烘箱。

【操作步骤】

1. 活性炭脱色除味

准确量取任务一得到的提取液的体积，按照 1 mg/ml 的用量计算活性炭的质量。称取已活化活性炭加入到粗提液中，将混合溶液搅拌加热到 70 ℃，在恒温水浴锅中保温搅拌吸附 60 min。将上述混合液转移到抽滤装置中，进行抽滤，取滤液。

活性炭经过合适的活化方法，可以再生使用。

2. 乙醇沉淀

向滤液中缓慢加入 95%的乙醇至终浓度为 80%，边加入边搅拌，观察有絮状凝胶物沉淀析出，析出物即为香菇多糖。将含有沉淀的料液用封口膜密封以防乙醇挥发，然后静置 30 min。

将上述料液转移到离心管中（注意对称放置的离心管的配平），6 000 r/min 离心 10 min 后小心倾倒出上清液，沉淀转移到合适的容器中，烘箱内 60 ℃烘干。烘干后的多糖若短期存放，应注意密封防止多糖吸水。

3. Sevag 法除杂蛋白

（1）配制 Sevag 试剂：氯仿-正丁醇按照 4∶1(v/v)的比例配制成混合液。

（2）除蛋白：干燥后的多糖用适量热水溶解，冷却到室温。按照多糖溶液：Sevag 试剂＝4∶1(v/v)的比例往多糖溶液中加入 Sevag 试剂，混合物剧烈振摇，观察在水层和有机层交界处是否有蛋白质与 Sevag 试剂生成凝胶物。取水层再加入 Sevag 试剂，重复上述操作多次，至无凝胶物生成为止。

4. 乙醇沉淀

上述得到的水相中缓慢加入 95%的乙醇至终浓度为 80%，边加入边搅拌，加完后用封口膜密封以防乙醇挥发，静置沉淀 12 h。然后，将上述料液转移到离心管中（注意对称放置的离心管的配平），6 000 r/min 离心 10 min 后小心倾倒出上清液，沉淀转移到合适的容器中。

5. 脱脂

沉淀物分别用适量无水乙醇、丙酮、乙醚洗涤 3 次，烘箱内 60 ℃烘干即得香菇多糖粗品。

任务三　凝胶柱层析法纯化香菇多糖

【实训目标】

（1）掌握凝胶柱层析分离香菇多糖的原理。

（2）知道葡聚糖凝胶的用途和性质，能熟练完成凝胶的预处理和再生、回收和保存。

（3）能熟练完成凝胶柱层析纯化香菇多糖的操作，知道如何根据检测结果收集产品。

【实训材料】

任务二得到的香菇多糖粗品。

主要试剂：葡聚糖凝胶 G100；蒸馏水。

主要设备：柱层析系统（包括玻璃层析柱、贮液瓶、输液泵、收集器、检测器、记录仪或工作站);冷冻干燥机。

【操作步骤】

1. 葡聚糖凝胶预处理

根据床体积和样品量取适量葡聚糖凝胶 G100,加入蒸馏水沸水浴溶胀 2 h,或室温溶胀 24 h。沸水溶胀省时、消毒、可除去颗粒内部的气泡。溶胀处理后,对凝胶进行反复漂洗,倾倒法除去表面悬浮的小颗粒,重复 2~3 次。

2. 样品准备

取任务二得到的香菇多糖粗品溶于蒸馏水中,离心除去不溶物,上清液作为上柱分离的样品。

3. 层析系统的安装和调试

以贮液瓶→蠕动泵→层析柱→紫外检测器→收集器的顺序正确连接层析系统,可参考图 2-13。将蠕动泵的软管入口连接到装有蒸馏水的贮液瓶中,将蠕动泵的出口软管连接到层析柱的上端,层析柱的下端连接到紫外检测器的入口,检测器的出口连接到自动收集器的入口,自动收集器对准收集容器。启动蠕动泵,检测设备是否运转正常,并校正蠕动泵的流速。

4. 装柱

将玻璃层析柱洗净,垂直固定在铁架台上,关闭出口。向固定好的柱子中加入蒸馏水,打开出口缓慢放出蒸馏水,排出柱子中的残留空气,最后保留约 1/3 高度的洗脱液,拧紧出口。用玻璃棒沿层析柱内壁缓缓注入柱中,待凝胶沉积到柱床下已超过 1 cm 时,打开下出口,继续装柱。待所有葡聚糖凝胶加完后,静置一段时间,至介质自然沉降。打开出口放出部分液体,保持层析介质表面维持 2~3 cm 高度的液位。

注意:① 装柱前确保凝胶温度与室温一致,避免装柱时产生气泡。② 在装柱时必须防止气泡、分层及柱子液面在树脂表面以下等现象发生。③ 尽可能一次装完,避免出现分层。若有杂质、气泡、分层等现象,应进行重装。④ 以下操作过程中,注意保持流速和防止液面在树脂表面以下,维持液面高出树脂表面 2~3 cm。

5. 柱子平衡

启动蠕动泵,用蒸馏水平衡 48 h,平衡过程中维持流速 0.2 ml/min。

6. 上样

先将柱的出口打开,让蒸馏水逐渐流出,待凝胶床面只留下极薄的一层蒸馏水时,关闭出口。用长滴管或移液器将处理过的香菇多糖样品小心加到凝胶床表面。打开下端出口,使样品溶液进入凝胶内,当样品溶液恰好流至与凝胶表面平齐时,关闭下端出口。

注意:① 加样时滴管垂直伸入柱内,接近液面处集中滴加,动作要轻柔,不要将床面冲起,亦不要沿柱壁加入。② 根据床体积加样,床体积一般为样品体积的 20~50 倍,加样量越少分辨率越高。

7. 洗脱和收集

用少量蒸馏水清洗层析柱加样区,共洗涤三次,每次清洗液应完全进入凝胶柱内后,再进行下一次洗涤。最后在凝胶表面上加入蒸馏水，保持高度为 2 cm。

以贮液瓶→蠕动泵→层析柱→紫外检测器→收集器的顺序正确连接层析系统，贮液瓶中装入蒸馏水，检测器检测波长设定为 200 nm，设定收集器的收集模式(计滴或者计时)、首管和末管，换上与收集模式对应的收集头。确认模式后，调整收集头位置，保证溶液滴出口在收集试管的正中间。按“START”开始进行洗脱和收集工作，注意控制洗脱速度不能太快，应在 1 ml/min之内。当记录仪上出现波峰时开始收集洗脱液。

8. 冷冻干燥

将洗脱液冷冻干燥，得白色香菇多糖产品。冷冻干燥机操作详见“第二部分 第六章 实验二 牛奶冷冻干燥”。

9. 凝胶回收处理

(1) 凝胶清洗：将样品完全洗脱下来后，继续用 3 倍柱床体积的蒸馏水冲洗凝胶，即可重复使用。

(2) 凝胶再生：多次使用后，凝胶颗粒可能逐渐沉积压紧，流速变慢。这时只需将凝胶自柱内倒出，重新填装。或使用反冲法，使凝胶松散冲起，然后自然沉降，形成新的柱床，这样流速会有所改善。

(3) 凝胶保存：葡萄糖凝胶 G－100 是碳水化合物，能被微生物(如细菌和真菌)分解。凝胶长期不用，为防止细菌生长和发酵，可以采用以下几种方法保存。

①湿态保存：在水相中加防腐剂(0.02%叠氮化钠或 0.002%氯己定)，层析前再用水或平衡液将防腐剂洗去。或水洗到中性，高压灭菌封存(或低温存放)。

②半收缩保存：水洗后滤干，加 70%乙醇使胶收缩，再浸泡于 70%乙醇中保存。

③干燥保存：水洗后滤干，依次用 50%、70%、90%、95%乙醇脱水，再用乙醚洗去乙醇，干燥(或 60～80℃烘干)后保存。加乙醇时，切忌开始就用浓乙醇处理，以防结块。

任务四　香菇多糖分析检测

【实训目标】

(1) 知道香菇多糖定性、定量检测的原理。

(2) 能熟练完成香菇多糖的定性操作。

(3) 能熟练制作标准曲线，并利用标准曲线测定香菇多糖含量。

【实训材料】

任务三得到的香菇多糖产品。

主要试剂：苯酚；浓硫酸；甘露糖标准品。

主要设备：紫外分光光度计。

【操作步骤】

1. 试剂配制

(1) 苯酚-硫酸定性检测试剂：苯酚 3 g，浓硫酸 5 ml，溶于 95 ml 无水乙醇中。

(2) 甘露糖标准溶液：准确称取 60 ℃干燥至恒重的甘露糖标准品 0.1 g，溶解定容到 100 ml。

(3) 8%苯酚。

(4) 香菇多糖样品(100 μg/ml)：准确称取 100 mg 香菇多糖产品，加水溶解后定容到 100 ml。

2. 定性检测

取少量香菇多糖置于容器中，往上面喷洒少量苯酚-硫酸试剂，再将样品置于 110 ℃加热几分钟。样品显棕色即为多糖。

3. 定量检测

苯酚试剂与香菇多糖中的已糖及其糖醛酸起显色反应，生产橙黄色化合物，在 490 nm 处比色，对香菇多糖进行定量测定。具体操作步骤如下：

(1) 标准曲线制作：准确量取甘露糖标准溶液 0.5、1.0、1.5、2.0、2.5、3.0 ml，置于 50 ml 容量瓶中，加蒸馏水稀释并定容。分别精密量取容量瓶中的溶液 1 ml，置于干净具塞试管中，见表 3-14。准确量取 8%苯酚 1 ml 加入各试管，再快速加入浓硫酸 5 ml，沸水浴加热 15 min。冷却至室温后，能观察到橘黄色逐渐加深。以 1 管为对照，测定各管在 490 nm 处的吸光度，记录到表 3-14。以甘露糖浓度为横坐标，吸光度为纵坐标，绘制标准曲线。

表 3-14　标准曲线制作

试剂	管号						
	1(空白)	2	3	4	5	6	7
甘露糖溶液(ml)	0	1.0	1.0	1.0	1.0	1.0	1.0
甘露糖含量(μg/ml)	0	10	20	30	40	50	60
蒸馏水(ml)	1.0	0	0	0	0	0	0
8%苯酚溶液(ml)	2.0	2.0	2.0	2.0	2.0	2.0	2.0
光密度值 OD490	0						

(2) 香菇多糖样品测定：取两个干净的具塞试管，一个准确量取加入蒸馏水 1.00 ml 作为对照，一个准确量取香菇多糖样品(100 μg/ml)1.00 ml 作为测试管，准确量取 8%苯酚 1 ml 加入各试管，再快速加入浓硫酸 5 ml，水浴锅加热 15 min。冷却至室温后，以对照调零，测定测试管在 490 nm 处的吸光度。根据标准曲线，计算香菇多糖含量。

参考文献

[1] 邱玉华. 生物分离与纯化技术[M]. 北京：化学工业出版社，2007

[2] 辛秀兰. 生物分离与纯化技术[M]. 北京：科学出版社，2008

[3] 吴疆，童应凯，杨红澎. 生物分离实验技术[M]. 北京：化学工业出版社，生物·医学出版分社，2009

[4] 宋金耀. 生化分离技术[M]. 北京：教育科学出版社，2014

[5] 莫燕霞，胡宝祥，莫卫民. 不同提取方法测定新鲜茶叶中茶多酚含量的比较研究[J]. 浙江工业大学学报，2008，36(2)：158-161

[6] 陈锦玉，严红梅，邵金良. 超声波辅助提取 Folin-Ciocalteu 比色法测定茶叶中茶多酚[J]. 西南农业科学，2012，25(3)：1069—1073

[7] 郭树秦，吴胜举，牛春玲，等. 超声提取绿茶多酚研究[J]. 陕西师范大学学报（自然科学版），2009，37(1)：36-37

[8] 中华人民共和国国家质量监督检验检疫总局，中国国家标准化管理委员会. GB/T8313-2008. 茶叶中茶多酚和儿茶素类含量的检测方法

[9] 汪兴平，周志，莫开菊，等. 微波对茶多酚浸出及其结构和组成的影响研究[J]. 农业工程学报，2002，2(3)：110-114

[10] 谷瑞升，刘群录，陈雪梅. 木本植物蛋白提取和 SDS-PAGE 分析方法的比较和优化[J]. 植物学通报，1999，16(2)：171-177

[11] 周莉，刘春明. 叶蛋白资源的开发与利用[J]. 中国食品添加剂，2008(1)：129-132

[12] 汪群红，章灵芝，徐文伟，等. 葛根素的药理作用与不良反应分析[J]. 中华中医药学刊，2015，33(5)：1185-1187

[13] 崔颖，梁剑平，郭延生. 葛根素的分离与鉴定[J]. 安徽农业科学，2009，37(13)：5817-5818

[14] 张新广，王冬梅. 葛根素提取工艺的研究[J]. 中药材，2004，27(9)：680-682

[15] 朱德艳. 用食盐盐析和离子交换法从鸡蛋清中提取溶菌酶及其比较[J]. 食品与发酵科技，2009，45(3)：53-55

[16] 宋纯艳，张拓，侯利平，等. 溶菌酶活性测定方法的改进及其在重组人溶菌酶质量标准建立中的应用[J]. 分析测试学报，2014，33(8)：917—921

[17] 陈勉，朱希强. 超氧化物歧化酶在医药临床上的研究和应用[J]. 食品和药品，2009，11(9)：44-47

[18] 康明丽.淀粉酶及其作用方式[J].食品工程,2008,33(3):11-14

[19] [美]J.莎姆布鲁克著.分子克隆实验指南[M].黄培堂,译.北京:科学出版社,2005

[20] 谢光蓉,乔代蓉,曹毅.重组枯草芽胞杆菌α-淀粉酶基因工程菌构建与表达[J].食品与发酵科技,2012,48(3):13-17

[21] 徐翠莲,杜林洳,樊素芳,等.多糖的提取、分离纯化及分析鉴定方法研究[J].河南科学,2009,27(12):1524-1528

[22] 林楠,钟耀广,王淑琴,等.香菇多糖的研究进展[J].食品研究与开发,2007,28(5):174-176